世界一流
城市电网建设

赵　亮/主编

World-class
Urban Power Network Construction

中国电力出版社
CHINA ELECTRIC POWER PRESS

内 容 提 要

本书以城市发展新需求和电网发展新形势为出发点，借鉴世界先进城市电网的建设经验，阐述世界一流城市电网建设理念，构建世界一流城市电网建设评价指标体系，梳理建设实施涉及的关键技术，探索提出适应城市发展趋势的世界一流城市电网建设实施路径和主要建设内容，最后总结国内外一流城市电网工程实践案例，并展望世界一流城市电网发展新方向。

本书可作为城市规划主管部门、电力及其他能源行业从业者、城市电网建设管理和研究人员的参考用书。

图书在版编目（CIP）数据

世界一流城市电网建设/赵亮主编 . —北京：中国电力出版社，2018.7
ISBN 978 - 7 - 5198 - 1760 - 2

Ⅰ.①世… Ⅱ.①赵… Ⅲ.①城市配电网—电力工程 Ⅳ.①TM727.2

中国版本图书馆 CIP 数据核字（2018）第 034836 号

出版发行：中国电力出版社
地　　址：北京市东城区北京站西街 19 号（邮政编码 100005）
网　　址：http：//www. cepp. sgcc. com. cn
责任编辑：崔素媛（010-63412392）
责任校对：朱丽芳
装帧设计：左　铭
责任印制：杨晓东

印　　刷：北京九天众诚印刷有限公司
版　　次：2018 年 7 月第一版
印　　次：2018 年 7 月北京第一次印刷
开　　本：710 毫米×980 毫米　16 开本
印　　张：17.25
字　　数：229 千字
定　　价：128.00 元

编　委　会

能源战略思想是习近平新时代中国特色社会主义思想重要组成部分，十九大报告提出加强电网基础设施网络建设，推进能源生产和消费革命，构建清洁低碳、安全高效的能源体系。国家电网公司党组审时度势、与时俱进的提出"一六八"战略，符合能源生产和消费革命趋势，符合现代企业发展规律，是引领公司实现新时代奋斗目标的行动纲领。

城市电网涵盖城市范围内各电压等级电网，是电能供应链中联系发电企业和终端用户的关键环节。建设世界一流城市电网对确保城市能源安全供应、推动城市能源转型等方面具有重要意义。

建设世界一流城市电网是电网企业适应新时代城市发展的内在要求。随着我国经济发展方式转变，产业结构优化升级，城市化进程不断加快，城市电网的发展进入新的历史时期。建设世界一流城市电网就是要打造可靠性高、友好互动、经济高效的现代化电网，提升城市电网的供电可靠性和电能质量，适应城市发展清洁能源供应和多元化负荷接入的需求，消除城市电网发展不平衡不充分矛盾，满足人民日益增长的美好生活的用能需求，更好地发挥城市电网整体效能和在城市能源资源配置和转换利用中的基础平台作用，适应蓬勃推进的能源生产和消费革命新形势，这也是新时代城市电网发展的重要使命。

建设世界一流城市电网是转变电网发展方式的必由之路。十九大报告指出，我国经济已由高速增长阶段转向高质量发展阶段。城市电网发展也进入了转变增长方式的关键时期。建设以坚强智能电网为核心的新一代电力系统，进而构建融合多能转换技术、智能控制技术和现代信息技术，广域泛在、开放共享的能源互联网，是电网发展的必然趋势。城市电网发展与城市发展规划、用户多元化需求、清洁能源供应密切相关，多方联动，紧密配合，共谋发展，提高电网发展综合竞争力和可持续发展能力是统筹电网建设长远目标和城市发展需求的必然选择。

建设世界一流城市电网是世界一流能源互联网企业的物质基础。建设世界一流城市电网，将以新一代电力系统为承载，全面推动再电气化，构建能源互联网，引领新一轮能源革命向纵深发展。未来的电网既需要统筹电源和负荷协调发展，向友好互动的智能电网发展，又需要促进各类能源信息共享，逐步向以电为中心，多种能源互联的智能化、多元化综合能源服务平台转变。建设世界一流能源互联网，核心仍是建设世界一流的坚强城市电网。随着分布式能源、电动汽车和储能等设施的大量接入，城市电网的网络形态、功能作用将发生根本变革，建设世界一流城市电网将会产生多重价值和效益，支撑起能源互联网发展，实现以电为中心的能量流、信息流、价值流高度融合。

迈进新时代，国网天津市电力公司将以习近平新时代中国特色社会主义思想为指导，深入践行"一六八"战略，高效实施"1001"工程，加快推进国家电网公司与天津市战略协议落地，早日实现建成具有卓越竞争力的世界一流能源互联网企业的发展目标。

国网天津市电力公司董事长、党委书记

赵 亮

前 言

　　城市的发展离不开电网的发展。2013 年 9 月，国务院印发《关于加强城市基础设施建设的意见》提出"推进城市电网智能化"。2014 年 3 月，中共中央、国务院印发《国家新型城镇化规划（2014～2020 年)》提出京津沪等大都市要"发展智能配电网"。进入"十三五"以来，城市化进程不断加快，产业结构不断升级优化，对城市电网供电服务水平提出新要求。天津、北京、上海等 10 座大型城市启动世界一流城市电网行动计划，全力支撑经济发展和服务社会民生。

　　建设世界一流城市电网是国家、城市、电网公司的战略需求，核心内涵是建设"安全可靠、服务优质、经济高效、绿色低碳、智能互动"的现代化电网。为适应新时代背景下蓬勃推进的能源生产和消费革命新形势的必然要求，电网企业开启了建设世界一流能源互联网企业新征程。天津、江苏等多个省市已率先启动能源互联网方面相关研究工作。建设世界一流能源互联网，核心仍是建设世界一流的坚强城市电网。需要持续加大电网建设，提高电网整体效能，消除电网发展不平衡不充分矛盾，发挥电网在能源资源配置和转换利用中的基础平台作用。

建设世界一流城市电网是一项系统化工程。在深入分析电网现状的基础上，一方面瞄准世界先进城市电网发展水平，探索世界一流城市电网核心含义和发展思路，另一方面开展全方位对比分析，找出差距和努力方向。在此基础上构建世界一流城市电网指标体系，遵照"差异化"建设原则，通过技术进步和管理提升两条主线，实施世界一流城市电网的系统化建设。经过研究实践，世界一流城市电网建设理念和内涵得到深化和发展，本书是在以上工作的基础上，对现阶段世界一流城市电网建设的完整诠释。

全书共分为七章，第一章概述城市电网的主要特点和发展历程，第二章阐述城市电网面临的新形势，第三章提出世界一流城市电网建设理念，第四章论述世界一流城市电网指标体系及关键技术，第五章分析世界一流城市电网实践路径，第六章介绍世界一流城市电网典型实践，第七章展望了世界一流城市电网发展新方向。

本书在编写过程中得到了许多同仁的支持和帮助，在此表示衷心的感谢。

限于编者人员水平，书中难免存在疏漏与不足之处，恳请读者批评指正。

第一章

城市电网概述

  城市电网是指城市范围内为城市供电的各个电压等级电网的总称，是电力系统的重要组成部分，是为现代城市提供电力供应的重要基础设施。城市电网为城市提供安全可靠、高质量的电能，服务人民生活和城市发展各个方面。城市电网的发展遵循电网发展的客观规律，始终是"求进步、谋发展"的探索过程，是依靠科技进步和技术创新迎接挑战、实现超越的实践过程。随着社会经济发展和人们生活水平的不断提高，城市电网向着规模越来越大，功能越来越完善，技术水平越来越高的方向发展。

第一节　城市电网主要特点

20 世纪出现的电力系统，是人类工程科学史上最重要的成就之一。电能的广泛应用，推动了社会生产生活各个领域的发展，开创了电气化时代，引领了近代史上的第二次技术革命。电力系统大发展促使一次能源得到更充分的开发，工业布局更为合理。电能的应用不仅深刻影响着社会物质生产的各个层面，也越来越广地渗透到人们日常生活中。目前，电力系统的发展程度和技术水平已成为各国经济发展水平的重要标志之一。

城市电网是电力系统的重要组成部分，又是其主要负荷中心，具有用电量大、负荷密度高、安全可靠和供电质量要求高等特点，并且设备设施复杂，管理和调度运行技术水平要求高，规模经济性好。城市电网还是城市现代化建设的重要基础设施之一，城市电网的各项建设和改造项目必须与城市发展规划相互配合、同步实施，城网设施与市容建设须相互匹配、满足环保要求。

 城市电网与电力系统

（一）电力系统

电力系统是指由发电、输电、配电、用电及控制保护等环节组成的电能生产、传输、分配和消费的系统。发电厂将各类一次能源转换为电能，电能经过输电网和配电网输送和分配至电力用户，从而完成电能从生产到使用的整个过程。电力系统的根本任务是向用户提供可靠、合格和经济的电能。

电力系统的主体由供电电源、电网和电力用户构成。供电电源指各类发电厂、站，它将一次能源转换成电能。电网由电源的升压变电站、输电线路、降压变电站、配电线路等构成，它的功能是将电源电压升压后将电能输送到负荷中心变电站，再降压后，经配电线路供给用户。电力系统中网络节点交织密布，它既能输送大量电能，也有可能因系统性故障发生大规模停电而在瞬间造成重大的灾难性事故。如图 1-1 所示为电力系统示意图。

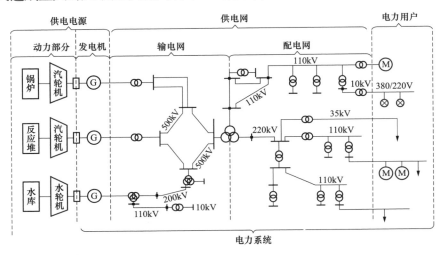

图 1-1　电力系统示意图

1. 供电电源

城市供电电源，为城市提供电能来源的发电厂和接受市域外电力系统电能的电源变电所总称，主要包括城市电厂、区域变电站等。电厂包括火力发电厂、水力发电厂及其他新能源电站。

2. 城市电网

城市电网，由城市输电网与配电网组成。城市输电网包括城市变电站和从电厂、区域变电站接入的输电线路等设施；配电网是将输电网受端的电能逐级分配给电力用户的供电设施的总称。

3. 电力用户

电力用户大致可分为：居民用户（电压等级小于 1 千伏、10 千伏）、工

商业用户（电压等级为 10 千伏、35 千伏、110 千伏），如工矿企业、商用楼宇、居民小区等电力用户。

（二）城市电网

城市电网是城市范围内为城市供电的各个电压等级电网的总称，它分为输电网、高压配电网、中压配电网和低压配电网。

城市电网是电力系统的重要组成部分，是为现代城市提供电力的基础设施之一，是城市总体规划的组成部分。

1. 输电网

输电网的功能是将发电厂发出的电力输送到负荷中心，或进行相邻电网之间的电力互送，使其形成互联电网或统一电网，保持发电和用电或两电网之间供需平衡。

输电网设备由输电和变电设备构成。输电设备主要有输电线、杆塔、绝缘子串、架空线路等。变电设备有变压器、电抗器、电容器、断路器、接地开关、隔离开关、避雷器、电压互感器、电流互感器、母线一次设备，以及确保安全、可靠输电的继电保护、监视、控制和电力通信系统等二次设备。变电设备主要集中在变电站内。

对于直流输电来说，它的输电功能由直流输电线路和换流站的各种换流设备，包括一次设备和二次设备来实现。输电网一次设备和相关的二次设备的协调配合，是实现电力系统安全、稳定运行，避免连锁事故发生，防止大面积停电的重要保证。

2. 配电网

配电网的功能是在消费电能的地区接受输电网受端（或发电设施、分布式电源等）的电能，然后通过配电设施就地或逐级进行再分配，输送到城市的不同用电区域，并进一步分配和供给工业、农业、商业、居民及有特殊需要的用电部门。所有配变电设备连接起来构成配电网。按电压等级，一般又分为高压配电网、中压配电网和低压配电网。

　　高压配电网，指 110、66、35 千伏电压等级电网，是由高压配电线路和配电变电站组成的向用户提供电能的配电系统。它的功能是从输电系统或高压电源接受电能后，直接向高压用户供电，或通过变压器为中压配电网提供电源。

　　中压配电网，指 20、10、6 千伏电网，是由中压配电线路和中压配电变电站（配电变压器）组成的向用户提供电能的配电系统。它的功能是从输电系统或高压配电系统接受电能，向中压用户供电，或向各用电小区负荷中心的中压配电变电站（配电变压器）供电，再经过变压后向低压配电网提供电源。

　　低压配电网，指 380、220 千伏电网，是由低压配电线路及其附属电气设备组成的向用户提供电能的配电系统。它的功能是以中压配电变电站（配电变压器）为电源，将电能通过低压配电线路直接配送给用户。

　　3. 城市电网的新元素

　　城市电网是一个多电源、多用户、多功能、高密度、大负荷的网络系统。随着国民经济的发展和人民生活水平的提高，可持续发展、清洁发展成为主题，城市发展模式已由传统的高耗能高污染向低碳模式转变。

　　城市电网是低碳经济时代的能源基础设施，是实现低碳转型的重要手段。伴随着城市的转型，城市电网也注入越来越多新元素。一方面，伴随着新型城镇化建设，发展清洁能源被提升到一定的战略地位。随着新能源和智能电网技术发展，未来配电网将有效地集成高渗透率分布式电源能源发电。另一方面，降低城市空气污染指数，避免或减少雾霾，发展电动汽车也成为提高城市低碳发展的重要举措。未来城市应建成布点合理、标准统一的充电服务网络，支撑电动汽车在城市的发展。同时，计算机、电子、通信技术的快速发展也促使城市电网设备的全面升级换代和大量新技术新设备的应用，如智能变电站、新型电力电子装置等。

　　城市电网新元素如图 1-2 所示。

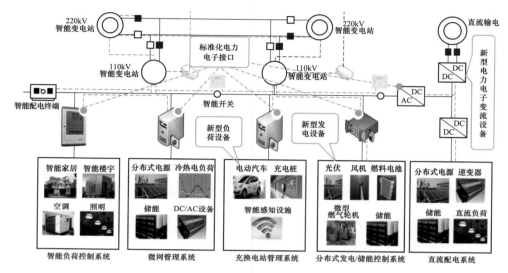

图 1-2　城市电网新元素

二　城市电网与能源发展

能源发展经历了从薪柴时代到煤炭时代，再到油气时代、电气时代的演变过程。长期以来，世界能源消费总量持续增长，能源结构不断调整。目前，世界能源供应以化石能源为主，有力支撑了经济社会的快速发展。为适应未来能源发展需要，水能、风能、太阳能等清洁能源正在加快开发和利用，在保障世界能源供应、促进能源清洁发展中，将发挥越来越重要的作用。

（一）外部环境促使能源变革

能源资源主要有煤炭、石油、天然气等化石能源和水能、风能、太阳能、海洋能等清洁能源。随着经济的发展、人口的增加及城市化进程的加速，近年来能源需求总量迅猛增加。

目前，能源供应主要依赖化石能源存在多方面问题。一方面，化石能

源是不可再生能源，终将由于不断的消耗而逐渐枯竭；另一方面，化石能源的大量开发利用，造成了环境污染和大量温室气体排放。由能源消耗所产生的环境问题日趋突出，引发了国际社会对能源安全和生态安全的普遍担忧。提高能源利用效率，发展清洁能源，优化调整能源消费结构，降低对化石能源的依赖程度，已成为世界各国解决能源安全和环保问题、应对全球气候变化的共同选择。而将清洁能源转化为电能，是开发利用清洁能源的最主要途径。

随着电气化水平提高，越来越多的煤炭、天然气等化石能源被转化成电能，化石能源在世界终端能源消费结构中的比重持续下降。随着能源结构的优化调整和清洁能源的快速发展，电能在终端能源消费中所占比例日益提高，经济社会发展对电能的依赖程度日益增强。

（二）电网发展推动能源消费转型

近年来，世界政治经济形势和能源发展格局发生了深刻变化，以电为中心的能源革命的序幕已经拉开，其基本方向是以实施清洁能源替代和电能替代为重点，加快能源结构从以化石能源为主向以清洁能源为主的根本转变。在此背景下，人们开始重新审视电网的功能定位。除电力输送等传统功能外，电网更是资源优化配置的载体，是现代综合运输体系和网络经济的重要组成部分。电网建设一直处于发展阶段，一方面电网规模日益扩大，有利于提高资源优化配置能力，有利于大规模可再生能源的接入和传输；另一方面，电网技术水平不断提高，运行与控制的能力越来越高，实现了电能更加安全的传输和更加可靠的供应，坚强可靠的电网以更加开放的姿态满足各种各样能源的接入。

电网的合理发展能够降低电力输送损耗，全面优化电力生产、输送和消费全过程，同时不断促进电力清洁生产。经济高效的电网必将极大地推动低碳电力、低碳能源乃至低碳经济的发展。

（三）能源消费转型促进电网发展

当前，新一轮世界能源革命的序幕已经拉开，其目标就是实现以智能电网为核心的低碳能源。推动技术创新，实现高效管理，已经成为电网迎接发展与挑战的必然选择。

适应清洁能源开发、输送和消纳的发展需求，满足多元化负荷的快速发展，需要提高电网的安全可靠性、灵活适应性和资源优化配置能力。电网的发展也因此面临前所未有的机遇与挑战。

分布式发电及电动汽车的快速发展和广泛应用，对于优化利用可再生能源，减少化石能源消耗，以及实现能源梯级利用和提高能效具有十分重要的意义。同时，电力用户的身份定位也悄然发生转变，正从单纯的电力消费者转变为既是电力消费者，又是电力生产者。

市场化改革的深入和用户身份的重新定位，使电力流和信息流由传统的单向流动模式向双向互动模式转变。电网的开放透明为电网自身的运营发展提供了巨大机遇，用户的积极、广泛参与对于优化电网资产效能，提高电网安全水平，降低电网运营成本具有重要意义，使电网构建新型商业模式、提供电力增值服务及拓展战略发展空间成为可能，但同时也对电网友好兼容各类电源和用户接入，提供高效优质服务提出了更高的要求。

在科技发展日新月异的今天，将先进技术与传统电力技术有机高效融合，实现技术转型，全面提高资源优化配置能力，保障安全、优质和可靠的电力供应，提供灵活、高效和便捷的优质服务，是新形势下电网面临的新课题。

第二节　城市电网发展历程

电网的建设历程，始终是求进步、谋发展的探索过程，是依靠科技进

步和技术创新迎接挑战、实现超越的实践过程。100多年来，电力工业从无到有，经历了不同时代的变迁、不同技术发展路线的选择，取得了令人瞩目的巨大成就。作为清洁、高效的二次能源，电力的应用遍及人类生产和生活的各个领域，电气化成为社会现代化水平和文明进步的重要标志。

随着中国国民经济的迅速发展，中国的电力工业得到相应的增长。中国电网的发展，遵循了电网发展的客观规律。电网规模经历了从地区级电网发展到省级电网，再通过省间联网形成跨省区域性电网，并逐渐形成了全国联网。随着未来中国电网的发展，特别是特高压和智能电网的推进，中国电网将成为世界上电压等级最高、技术水平最高和规模最大的交直流混合电网。

 一　雏形时代

20世纪初交流输电地位的确立，成为电力系统大发展的新起点。在随后的半个多世纪里，交流电力系统以独占地位向电压等级越来越高，规模越来越大的方向迅速发展。经过几十年，到20世纪50年代初输电电压达到220千伏，但电网规模还比较小，形成以城市电网为主流的简单电力系统。

中国第一个"电网"于1882年出现在上海。严格地说，这只是一条低压输电线路，还不能算是一个电网。自此之后仅仅十余年，民族公用电业相继在上海、广州、天津、汉口等地建立。1908年建成22千伏石龙坝水电站—昆明线路。1921年建成33千伏石景山电厂—北京城线路。1933年建成抚顺电厂的44千伏出线。1934年建成66千伏延边—老头沟线路。1935年建成抚顺电厂—鞍山的154千伏线路。1943年建成110千伏镜泊湖水电厂—延边线路。随着电厂装机容量的增大和供电范围的扩大，电网已逐步成形。

1949年新中国成立后，我国电网逐渐统一电压等级，逐渐形成经济合理的电压等级系列。

"一五"期间，城市电网得到相应发展，全国用电量年平均增长率超过20%，逐渐出现110千伏、220千伏的高压线路，新建的线路和变电站基本上是和一些重要用电企业的建设同时进行的，电网结构主要是放射型的，对重要用户一般采用双回线双电源供电。

1952年以自有技术建设了110千伏输电线路，逐渐形成京津唐110千伏输电网。

1954年1月26日，由中国人自己设计、自己施工的第一条220千伏输电线路正式投入运行。这条220千伏线路从吉林省中部丰满水电站至辽宁省抚顺市郊李石寨变电站。之后陆续建设了辽宁电厂—李石寨、阜新电厂—青堆子等220千伏线路，迅速形成东北电网220千伏骨干网。

1958—1978年的20年间，全国用电量增长较快，然而由于电力发展速度较慢，相对低于用电的增长，电网一度出现缺电低频运行、拉闸限电等情况，不少城市发生严重的用电"卡脖子"现象。当然，20年间，城市电网也有相当发展，如以各大城市为中心的外环网逐步形成。值得一提的是，多年来未解决的城市非标准电压的升压问题已在20世纪50年代末得到解决。一些城市分别将低压110伏和中压3.5、5.2、6千伏以及高压22、77、139、154千伏等分别升压到标准电压，并且通过升压和简化电压层次开展城网改造，大大增加了城市电网的供电能力。

 联网时代

1. 区域电网

自1970年到1980年，我国的区域电力网络，即现有东北、华北、华东、华中、西北、华南电网已经初步形成。1980年之后，各省会城市和沿海大城市先后建立了超高压外环网或双环网，进一步简化输配电电压等级，一批城市以220千伏或110千伏高压变电站深入市区，城市电网结构模式和变、配电站的主接线进一步得到改进。地下电缆增加速度很快，架空配电

线绝缘化，配电装置小型化，采用 GIS、综合自动化等新设备、新技术方面也有很大进展，城市电网结构趋向合理，可靠性水平得以提升，逐步向着现代化方向发展。

1972 年 6 月 16 日，我国自行设计、自行制造设备、自行施工安装的第一条 330 千伏超高压输变电工程——刘（刘家峡）—天（天水）—关（关中）线路投入运行。这标志着我国电网建设从高压时代进入超高压时代。之后逐渐形成西北电网 330 千伏骨干网架。

1981 年 12 月 21 日，我国第一条 500 千伏线路——平武线（河南平顶山—湖北武昌）建成投入运行。为适应葛洲坝水电厂送出工程的需要，1983 年又建成葛洲坝—武昌和葛洲坝—双河两回 500 千伏线路，开始形成华中电网 500 千伏骨干网架。

2. 联网初现

1989 年 9 月，葛上（葛洲坝—上海）±500 千伏输电线路（120 万千瓦）投产，华中电网与华东电网联网，在中国首次实现非同步跨大区联网。2003 年 5 月，三峡龙泉至江苏政平±500 千伏输电线路（三常线，容量 300 万千瓦）双极投运，华中电网与华东电网实现跨大区强联。

1990 年，我国第一条±500 千伏超高压直流输电线路——葛上线建成投入运行。实现了华中、华东两大区直流联网。

继平武线、葛上线之后，我国在全国范围内陆续建起了一批 500 千伏超高压输电工程。

到 2000 年，全国已形成了 7 个跨省电网，即东北、华北、西北、华东、华中、南方四省电网和川渝电网，以及 5 个独立的省电网，即山东、福建、海南、新疆和西藏电网。7 个跨省电网除西北形成 330/220/110 千伏主网架外，其余 6 个均已形成 500 千伏为主干、220 千伏为骨干、110 千伏为高压配电的电网结构。北京、上海、山东、广西、广东等省（自治区、直辖市）已形成 500 千伏环网。

3. 全国联网

三峡电站建设开始后，围绕三峡电力送出的输变电工程大规模展开，初步形成全国联网格局。全国电网互联的基本格局可以概述为：以三峡工程为契机，以三峡电力系统为核心，向东、南、西、北四个方向辐射，形成以北、中、南送电通道为主体，南北电网间多点互联，纵向通道联系较为紧密的西电东送、南北互供的全国互联电网格局。从而形成中国电力发展的基本格局——"西电东送、南北互供、全国联网"。

2001年5月，东北绥中电厂至华北迁西姜家营500千伏输变电工程投产，东北电网与华北电网联网；2001年12月，福州至浙江金华500千伏输变电工程投产，福建省并入华东联网；2002年4月，三峡至万县500千伏线路投产，川渝电网与华中电网实现同步交流联网；2003年9月，河南新乡至河北邯郸500千伏输电线路投产。华中电网与华北电网以交流联网；2004年6月，三峡到广州±500直流输电线路投产。加上湖南鲤鱼江电厂至广东韶关500千伏交流输电线路，华中电网与南方电网以500千伏联网；2004年3月，山东电网与华北电网联网；2005年4月，河南灵宝变电站附近建成一座背靠背换流站，连接原陕西秦岭电厂至河南三门峡的线路，西北电网与华中电网实现直流背靠背联网。

到"十一五"（2006—2010）末，中国电网已形成华北—华中、华东、东北、西北、南方五个主要同步电网。2010年新疆电网与西北电网通过750千伏联络线实现联网，结束了新疆孤网运行的历史。青海—西藏±400千伏直流输电工程于2011年底投产，实现了西藏电网与西北主网异步联网。至此，全国联网格局基本实现。

经过50多年的建设，由华北、东北、华东、华中、西北、南方六大跨省区大电网组成的供电网络，覆盖了全中国。

2005年，更高一级电压等级的750千伏公伯峡到兰州东输变电示范工程投入运行。北部电力网架得到加强。

随着大型能源基地的建设开发，为提高电网输送能力和输送水平，建设更高等级输电工程，即特高压输电线路被提上了日程。

4. 特高压建设

随着电力负荷的日益快速增长和远距离、大容量输电需求的增加，发电技术和输电技术发展日新月异。在 20 世纪六七十年代，大型和特大型发电机组不断投入运行，大容量规模的火电厂、水电厂和核电站不断建设和投入运行。大容量规模电厂的建设增加了对大容量输电的要求。

20 世纪八九十年代，针对输电工程的需要，进行了 1000 千伏特高压输电和 750 千伏超高压输电的可行性研究，以及特高压输电的基础研究，并建立了特高压试验线段，对特高压技术进行试验研究。

21 世纪以来，大容量远距离输电技术取得重大突破。在此期间，750 千伏、1000 千伏交流超/特高压输电和 ±660 千伏、±800 千伏超/特高压直流输电工程相继投产。2009 年 1 月，晋东南—南阳—荆门特高压交流试验示范工程成功投运并稳定运行，使中国成为当今世界交流输电电压等级最高的国家。中国形成了 1000/500/220/110 千伏和 750/330/110 千伏两个交流电压等级序列。2010 年，云南—广东（±800 千伏，500 万千瓦）、向家坝—上海（±800 千伏，640 万千瓦）特高压直流示范工程（双极）相继投产；2012 年，锦屏—苏南（±800 千伏，720 万千瓦）直流特高压工程竣工；2014 年初，线长超过 2000 公里的哈密南—郑州（±800 千伏，800 万千瓦）特高压直流工程投产，中国成为当今世界直流输电电压等级最高的国家。这些特高压输电工程的建成投产，将西部大型水电、火电、风电基地的大量电力送往东部负荷中心，加快了西电东送的进程。

2016 年 9 月，淮南—南京—上海 1000 千伏特高压交流工程投运；2016 年 11 月，蒙西—天津南 1000 千伏特高压交流输变电工程投运；2017 年 7 月，锡盟—山东 1000 千伏特高压交流输变电工程投运；2017 年 8 月，榆横—潍坊 1000 千伏特高压交流输变电工程投入运行，标志着世界上迄今为止输电距离最长的特高压交流工程投产成功。2016 年 10 月，宁东—浙江

±800千伏特高压投运；2017 年 6 月，晋北—江苏±800 千伏雁淮特高压直流投运；2017 年 9 月，锡盟—泰州±800 千伏特高压直流工程投运；2017 年 12 月，内蒙古上海庙—山东临沂±800 千伏直流特高压工程竣工。至此，列入我国大气污染防治行动计划的"四交四直"特高压工程全部建设完成。

 三 智能电网时代

智能电网是智慧城市不可或缺的重要组成部分，同时也为智慧城市的建设创造了必要的基础条件，是电力产业发展的必然趋势。智能电网的建设与发展，有助于促进清洁能源的开发利用，减少温室气体排放，推动低碳经济发展；有助于优化能源结构，实现多种能源形式的互补，确保能源供应的安全稳定。

1. 国家战略

2009 年初，国家电网公司率先启动了一系列有关智能电网的重要课题研究，通过积极探索国内外智能电网技术发展动态，分析建设中国特色智能电网的技术需求，调研中国智能电网的研究现状，揭示了坚强智能电网的内涵与特征，制定了发展目标、技术框架体系与实施计划等。

2009 年 8 月，国家电网公司启动第一批城市配电自动化试点工程，在北京、杭州、银川、厦门 4 个城市的中心区域（或园区）进行。试点工程主要目标是针对不同可靠性需求，采用合理的配电自动化技术配置方案，建设具备系统自愈、用户互动、高效运行、定制电力和分布式发电灵活接入等特征的智能配电网。第二批试点工程在第一批试点城市配电自动化一期建设的基础上，进行二期建设，重点是拓展分布式电源接入技术支持，完善配电网高级应用及调控一体化技术支持平台建设，实现配电网调度运行控制的一体化管理。

2010 年 6 月，国家电网公司发布《智能电网技术标准体系规划》，覆盖 8 个专业分支、26 个技术领域、92 个标准系列，2011 年 10 月又对该规划

进行了修订。2012 年底，已发布智能电网企业标准 220 项，编制智能电网行业标准 75 项、国家标准 26 项、国际标准 7 项。

随着国家电网公司在智能电网领域的快速发展，凸显了发展智能电网对于发展新能源战略新兴产业的重要支撑作用。在 2011 年公布的国家"十二五"规划纲要中明确提出：依托信息、控制和储能等先进技术，推进智能电网建设。

2012 年 5 月，科技部发布《智能电网重大科技产业化工程"十二五"专项规划》，把大规模间歇式新能源并网技术、支撑电动汽车发展的电网技术、大规模储能系统、智能配用电技术、大电网智能运行与控制、智能输变电技术与装备、电网信息与通信技术、柔性输变电技术与装备、智能电网集成综合示范等九大技术列入"十二五"期间发展的重大任务。

2013 年 5 月 31 日，中国电力企业联合会联合国家电网公司召开智能电网综合标准化试点工作启动会，正式拉开了智能电网综合标准化试点工作。

2. 发展情况

2009 年以来，我国已经累计开展智能电网综合示范工程 25 个，集中展示了智能电网各领域的最新成果，实现了智能电网与城市的紧密结合，是智能电网建设的品牌工程，实现了政府和社会的广泛参与，让用户有机会深度感受和体验智能电网。

2009 年到 2012 年为智能电网技术示范阶段，所建工程为智能电网综合示范工程，以技术示范为目的进行子项的设置，侧重于智能电网试点成果展示，如上海世博园、中新天津生态城智能电网综合示范工程。2012 年之后所建工程为智能电网综合建设工程，以满足城市区域发展需求为目标，以建设主体为主线进行子项的设置，各子项之间进行适度集成，如浙江绍兴镜湖新区智能电网综合建设工程。

2010 年 8 月，上海世博园智能电网综合示范工程投运，成为首个已建并投运的智能电网综合示范工程。

　　2011 年 9 月 19 日，中新天津生态城智能电网综合示范工程建成投运，集中展示了智能电网的巨大魅力，成为面积最大、功能最全的智能电网示范工程，实现了技术和运营模式双项创新突破，构建了安全、清洁、优质、高效的能源供应体系和服务体系。

　　2012 年 12 月，扬州经济技术开发区智能电网综合示范工程 11 个子项目全面完成，是继上海世博园、中新天津生态城之后建成的第三个智能电网示范工程。该工程包括配网自动化、用户信息采集、电动汽车充电设施、光伏并网及微网运行控制、可视化应用展示等成果。

　　2013 年 5 月，浙江省首个智能电网综合示范工程在绍兴市镜湖新区建成，该工程集合了国内智能电网"发、输、变、配、用、调"各个领域的最新成果，其全景监控和智能化营配信息平台实现了高低压设备的信息全采集和监控。

　　2013 年 8 月，甘肃省电力公司兰州新区智能电网综合建设工程建设方案通过国家电网公司专家组的评审，该工程是甘肃省首个大型综合型智能电网项目，将积极响应兰州智慧城市的建设。

　　2013 年 12 月，国家电网公司首批 6 座新一代智能变电站示范工程全面建设完成，包括重庆合川 220 千伏大石变电站、天津 110 千伏高新园变电站、武汉未来科技城 110 千伏东扩变电站、北京 220 千伏未来城变电站和 110 千伏海鹋落变电站、上海 110 千伏叶塘变电站。与常规智能变电站相比，新一代智能变电站的主要特征为"集成化智能设备与一体化业务系统"，采用一体化设备、一体化网络、一体化系统技术构架，实现专业设计向整体集成设计的转变，一次设备向智能一次设备的转变。

　　2015 年，国家电网公司首批智能电表的覆盖建设基本完成。

　　此外，上海市发布了《上海推进智能电网产业发展行动方案（2010—2012 年）》，江苏省正式出台《江苏省智能电网产业发展专项规划纲要（2009—2012 年）》，开启了地方率先发展智能电网产业的先河，而北京、上海、广州、深圳、杭州、南京等 193 个城市先后被列入国家智慧城市试点，

上海、深圳、广州、合肥等 25 个城市开展了节能与新能源汽车示范推广试点工作，推动了智能电网在我国的应用。

2016 年以后，各大城市智能电网建设进入引领提升阶段，全面建成统一的"坚强智能电网"。

目前，我国与欧美国家在智能电网建设方面处于同一起跑线上，国内众多行业中的领先企业和科研机构都很关注智能电网的发展。国家电网公司制定的《坚强智能电网技术标准体系规划》，明确了坚强智能电网发展技术标准路线图，是世界上首个用于引导智能电网技术发展的纲领性标准。国家电网公司智能电网建设的发展目标指出：建成坚强智能电网，显现智能电网效益，国家电网智能化程度达到世界先进水平。

本章小结

（1）城市电网是电力系统的重要组成部分，是城市的重要基础设施，具有用电量大、负荷密度高、安全可靠和供电质量要求高、设备复杂、运行和管理水平要求高等特点。

（2）城市电网发展与能源发展互相促进。能源产业升级和清洁能源的开发利用推动电网发展和技术进步，要求电网进一步提高安全可靠性、灵活适应性和资源优化配置能力。电网作为资源配置的良好载体，可有效推动能源产业升级。

（3）城市电网处于一直发展的过程中。城市电网的发展历程从初具形式，到实现大规模联网，再到智能电网的探索与建设，是电力产业发展的必然趋势。

第二章

城市电网面临的新形势

　　城市是一个国家的缩影， 也是区域发展的中心。 城市电网直接面向大用户， 是彰显电网企业社会责任和优质服务的重要载体。 随着我国经济社会的不断发展， 人们对电能的需求也不断提高， 再加上能源、 环境、 经济、 体制等外部因素的不断变化， 城市电网发展面临诸多新形势， 不仅有重大机遇也有新的挑战。

第一节 电力体制改革

近百年来，电力工业普遍采用发、输、配、售垂直一体的运营模式。在传统的电力工业体制下，国家作为投资的主体，将社会的受益最大化作为投资的目标，不存在由于外部影响导致的市场失灵问题。这种一体的运营模式可以随着系统规模的扩展提供较低的电价和较高的系统可靠性，充分显示了规模经济的优越性。自20世纪60年代以来，在电力工业的规模经济性已经逐渐饱和的西方发达国家，电力垂直一体化体制的弊端逐渐显露，各国电力体制改革的呼声不断高涨。20世纪80年代，一些国家开始对电力工业放松管制，进行纵向或横向的解绑，实施电力工业重组，从而建立竞争性的电力市场。

20世纪80年代初，为缓解电力紧缺，以山东龙口电厂引入外资为标志，我国开始实行多家集资办电。此后至21世纪初，我国电力体制改革先后经历了集资办电、政企分开、公司化改革等不同阶段。

2002年2月，国务院发布《关于印发电力体制改革方案的通知》（国发〔2002〕5号），决定对电力工业实施以"厂网分开、竞价上网、打破垄断、引入竞争"为主要内容的新一轮电力体制改革。

2015年3月，中共中央国务院发布《关于进一步深化电力体制改革的若干意见》（中发〔2015〕9号），并制定了《关于推进输配电价改革的实施意见》《推进电力市场建设的实施意见》《关于电力交易机构组建和规范运行的实施意见》《关于有序放开发用电计划的实施意见》《关于推进售电侧改革的实施意见》《关于加强和规范燃煤自备电厂监督管理的指导意见》6个相关配套文件，提出深化电力体制改革的相关意见，正式开启了新一轮的电力体制改革。文件提出了"三放开，一独立，三加强"的改革重点和

路径：放开输配以外的经营性电价，放开公益性调节以外的发电计划，放开新增配售电市场，交易机构相对独立，进一步强化政府监管，进一步强化电力统筹规划，进一步强化电力安全、高效运行和可靠供应。在一系列配套文件的推动下，电力行业在发电、输配电、售电环节出现了一些新的变化，主要表现在以下几个方面。

（1）发电侧建立分布式电源发展新机制。发电侧在厂网分开，发展大用户直购电的基础上，新一轮电力体制改革放开了公益性调节以外的发电计划，将建立起分布式电源发展的新机制。

（2）独立核算输配电价构建市场化运营机制。新一轮电力体制改革着重提出了基于绩效的输配电价格机制，重新独立核算输配电价，改变了电网公司以购售价差作为收入来源的盈利模式，按照政府核定的输配电价收取过网费，重新定位了电网公司的非营利属性。

（3）以售电主体准入培育售电市场。国家鼓励除电网公司外的其他售电主体进入售电市场，使电力市场竞争日趋激烈。

一　电网规划

电力体制改革将增强未来电力负荷变化的不确定性、电源规划建设的不确定性、系统潮流的不确定性，加之电改后部分用户具有用电选择权、增量配电网的放开、分布式电源及新能源接入的间歇性和不稳定性，这些新的环境变化给传统电网规划工作提出了新的挑战，需要电网规划方案更具灵活性、适应性，主要表现在负荷预测、规划目标设定及规划项目评价方法三个方面。

1. 对电网负荷预测的影响

（1）分布式电源接入。《关于有序放开发用电计划的实施意见》配套文件提出了放开了公益性调节以外的发电计划，将建立起分布式电源发展的新机制，包括自备电厂、新能源发电、"冷热电"联产发电，其中分布式电

源运行方式以全部自用或自发自用剩余电量上网为主，由用户自行选择，用户不足电量由电网提供。由于分布式电源受季节、天气、地理位置等外部因素影响很大，具有周期性、不稳定性和不确定性等特点，加大了其所在地区的负荷预测难度。分布式电源大规模地接入将改变既有的负荷增长模式，原有的负荷预测方法难以适应电改后负荷预测工作的需要。

（2）增量配电网放开。《关于推进售电侧改革的意见》配套文件提出将放开增量配电网业务，允许社会资本参与到增量配电网的建设、运营当中，意味着在配电网中、低压侧电网公司将面临市场竞争风险。实际的电网规划工作中，电网公司综合多种影响因素对未来电力负荷发展水平做出预测，在不考虑增量配电网放开时，只要预测精度达到一定水平，规划建设项目就能满足用电侧的用电需求；若考虑增量配电网放开，电网公司一部分增量负荷被竞争走，原有的电力负荷预测容量将会出现冗余，需进一步放大电力负荷预测误差水平。

（3）多类型需求侧资源参与。《关于有序放开发用电计划的实施意见》配套文件提出将着力推广需求侧响应技术在用户侧的应用。随着需求侧响应技术的普及，未来影响用户用电负荷特性的因素将更加广泛。除了影响电力负荷水平的传统因素外，如经济发展情况、产业结构、季节、温度等，电改后用户侧将出现多样化的需求侧资源，如可平移式负荷、可中断负荷、静态储能及电动汽车等，这些需求侧资源参与到需求侧管理过程中将会影响原有的用电负荷水平。

2. 对电网规划目标制定的影响

传统电网规划的目标主要是通过提高电网的供电能力、供电质量与供电可靠性来满足社会对电力的需求，另外在保证一定供电可靠性的前提下，使电网建设的投资成本和运行费用最小。在传统输配一体化的运营模式下，由于缺乏市场竞争机制，规划项目成本可以通过购销差价回收，对于项目的经济收益考虑得较少。

增量配电网放开后，社会资本的进入将极大地激发电力市场竞争活力。

开放化的市场环境进一步要求电网规划项目更具市场价值。在新的市场环境中电网公司将更加注重规划项目的经济收益，规划项目将更加凸显"精益化"的特点，具体表现在规划工作更加精准，能够切实解决电网存在的实际问题，突出强调电网存量资产以及增量资产的管理，规划项目经济效益更加突出。要实现上述目标，需要通过详细而量化的经济核算来确定电网规划方案。

电改前后电网规划目标对比分析见表 2-1。

表 2-1　　　　　　电改前后电网规划目标对比分析

时间段	电网规划目标	规划项目分类
电改前	基于高可靠性要求，满足电力负荷需求，规划项目带来的经济收益考虑得较少	满足新增负荷需求，改善网架结构，消除设备隐患，满足电源配套送出
电改后	规划工作更加"精益化"，兼顾可靠性要求的同时更注重规划项目的经济收益	满足新增负荷需求，改善网架结构，消除设备隐患，满足电源配套送出，战略性布点，输电走廊预留

由表 2-1 可知，电改后在制定电网规划目标时考虑的因素增多，规划目标受市场化的影响较大。

3. 对电网规划项目评价方法的影响

新一轮电力体制改革，一方面将进一步强化政府对电力规划的统筹监管职能，有效协调各级、各类规划之间的关系；另一方面又将打破垄断，放开两头，引入竞争机制。为适应更加开放的市场竞争环境及更加严格的政策制约，需要对传统电网规划项目评价方法进行调整以适应新环境的需要。

现有的电网规划项目评估主要以提升电网可靠性、促进社会经济发展及促进电网协调发展三个指标为依据。随着配售电侧的放开，竞争加剧，社会资本的进入、多元化主体参与对规划项目的经济收益要求提高。新一轮的电改对规划项目的评价方法提出了新的要求。开放化的市场环境进一步要求电网规划项目更具市场价值。而现有的规划项目评价指标体系没有突出强调对于规划项目

的经济收益的考核。这将使得现有的规划项目评价方法不能适应市场竞争环境的需要。另外，未来输配电价改革、售电侧改革将全面铺开，电网公司将面临输配电价周期性波动及负荷波动风险，规划项目面临的市场化风险将增加，这些不确定性因素的出现将在一定程度上影响电网规划项目的经济效益，而传统的规划项目评价标准中没有涉及对规划项目风险量化评估的内容。

二　客户服务

传统的电力工业是垂直一体化的管理模式，随着电力体制改革的发展，电力企业面临着自身角色的巨大转变，由电力垄断者变成与电力消费者平等的售电服务提供者。此外，随着经营性电价、售电业务、增量配电业务的开放等改革措施的施行，用户在电力消费方面将会拥有更多的选择权。电网公司在与替代能源市场竞争的同时，还将与其他售电公司甚至发电企业竞争，此时电力消费用户也将成为竞争关注的焦点，客户服务质量和增值服务成为赢得市场的关键因素，电力企业在提升客户服务水平和满足客户诉求方面刻不容缓。

1. 供电可靠性保障

供电可靠性是衡量供电安全与供电水平的重要指标，是影响用户用电生产的重要因素。电网公司在不提高用户用电成本的基础上为用户提供较高的用电可靠性保障，将有效提升供电方案对电力用户的吸引力，从而能够提高企业的市场竞争力。

电力企业可以利用已有的电能质量在线监测系统、输变电状态监测系统及用电信息采集系统对电力用户的用电情况进行信息采集，评估用户侧的供电可靠性，并对影响供电可靠性的具体因素进行分析，进而确定不同用户的用电可靠性水平及影响该用户用电可靠性的主要因素，找出削弱用户用电可靠性的薄弱环节。基于薄弱环节向用户提供针对性的改进措施，以保障用户用电的高可靠性。

2. 用电 VIP 服务

电力企业可以通过对电力市场中的用户用能情况进行具体分析，掌握不同电力用户的用电需求、负荷情况及用电信用记录。基于电力市场的分析结果就可以筛选出优质的电力用户，这些用户具备一些优良的用电品质，如用电量大、负荷平稳、可调度性强、入网时间长或者用电信用良好等。优质电力用户将是电力公司在电力市场中需要重点关注的售电对象，为了尽可能多地占领优质电力用户的售电市场，电力公司可以为优质用户提供用电 VIP 服务，使优质用户获得更多的用电优惠体验。

3. 新能源并网服务

近年来新能源相关产业发展迅速，为了积极引导分布式新能源、清洁能源大量接入电网，国家制定了激励政策，《关于进一步深化电力体制改革的若干意见》（中发〔2015〕9 号）更是将建立分布式电源发展新机制作为深化电力体制改革的一个重点进行阐述。随着新能源并网项目数量的激增，电网公司应积极响应国家号召，增强新能源并网服务的竞争力，以抢占在新能源市场竞争中的优势地位。

在技术标准和管理办法方面，要加快修订完善新能源接入电网相关技术标准，规范接入电网的技术要求；完善接入电网管理办法，优化并网服务流程和要求。在配套电网建设方面，加大投入力度，加快新能源并网工程建设，保障新能源发电项目安全、可靠、及时接入电网。在规划建设方面，要推进新能源发电与其他电源、电网的有效衔接，统筹新能源与调峰电源、电网规划建设，提高电源灵活性，扩大消纳范围。在调度运行方面，建立新能源优先调度机制，提升运行管理水平，促进新能源高效消纳，实现无歧视、无障碍上网。

 运营效益

为适应电力体制改革带来的新的变化，电力企业当前的投资方法需调

整和优化，以保障电网的运营效益。

1. 对输配电价的影响

《关于推进输配电价改革的实施意见》指出此次输配电价改革总体目标是建立规则清晰、水平合理、监管有力、科学透明的独立输配电价体系，形成保障电网安全运行、满足电力市场需要的输配电价形成机制。还原电力商品属性，按照"准许成本加合理收益"原则，核定电网企业准许收入和分电压等级输配电价，明确政府性基金和交叉补贴，并向社会公布，接受社会监督。健全对电网企业的约束和激励机制，促进电网企业改进管理，降低成本，提高效率，增加社会福利。发电环节，参与市场交易的发电企业上网电价，由用户或市场化售电主体与发电企业通过自愿协商、市场竞价等方式自主确定；输配电环节，继续完善"主多分离"，剥离不相关业务成本，独立核算输配电价；售电环节，着力培育多元化的售电主体，放开竞争性电价，还原电力的商品属性。新一轮电力体制改革将对电价带来深刻的影响，具体如图2-1所示。

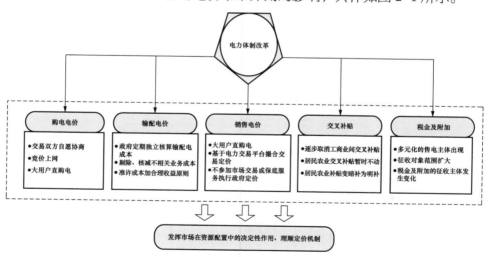

图2-1　电力体制改革对电价影响

现行电网企业以经销电量、获取销售电价和上网电价价差收入为主的运营模式，将转变为按照"成本加收益"原则，以电网企业的有效资产和准许成本为基础，按监管周期事前核定输配电准许收入的新运营模式。其

内涵包括三个方面：

（1）电网企业的总收入是政府管制的，不再受电量和上下游价格波动等影响。电网企业增加收入，将主要通过提升电力服务质量、满足新增电力需求而扩展电网的方式实现，并需要得到政府监管机构的认可。

（2）电网企业总的准许收入将由准许成本和合理收益构成。价格主管部门将逐步完善成本监管方式，推动电网企业按照更加精细化的方式分业务类型、分电压等级归集输配电成本。

（3）电网企业准许收入除以输配电量，将形成平均输配电价水平，并实现输配电价与销售电价的联动。

2. 对电网企业收入的影响

在电力体制改革前，电网企业的收入主要依靠售电收入，收入现金流结构单一，输、配、售一体化，行业垄断性强，面临的市场化风险较弱。而新一轮电力体制改革提出进行输配电价独立核算，输配电价改革后电网企业盈利模式由原来的购销差价转变为收取过网费。而在此次电力体制改革中，电网企业将保留售电业务，因此未来电网企业的收入主要来源有两部分：售电收入与输电收入，如图2-2所示。

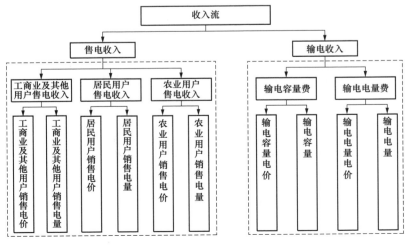

图 2-2　电改后电网企业的收入情况

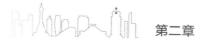

　　电改后，电网企业收入主要分为两部分，一部分为售电收入，另一部分为输配电收入。根据电力用户分类（工商业及其他用户、居民用户、农业用户）将售电收入分成三类，分别由不同用户的销售电价及其对应的销售电量决定；输电收入按照两部制形式，由输电容量费和输电电量费组成。

第二节　清洁能源及负荷多元化

　　随着社会经济的飞速发展，大量消耗石化能源带来的环境污染问题越发严重。清洁能源的高效利用是优化能源结构，缓解我国乃至世界范围内能源需求与能源资源紧张、能源利用与环境保护之间的矛盾的必然选择。以风电和光伏为代表的清洁能源发电系统接入电网后，传统电网结构将变为遍布电源和用户的网络，运行方式也将由于风电和光伏发电的随机性和间歇性而变化，进而对电网负荷平衡产生一定的影响。

　　随着能源产业技术的不断发展，电动汽车、风光储、地源热泵和冰蓄冷等多元负荷日益增加。城市电网的多元化负荷接入主要为电动汽车充换电设施，其接入电网会引入一定量的谐波，使电网的电压与电流波形发生畸变，进而可能会降低电网电压。在电动汽车充换电设施规模化建设后，如不对充电负荷加以控制、引导，将使电网最大负荷增加，对电网，特别是配网稳定运行产生一定程度的影响。随着电动汽车充电负荷的增加，充电负荷在某一配网容量中占据的比重比较明显，可能会引起负荷不平衡，尤其是在供电能力相对不足的地区，充电负荷的增加将会进一步加重配网供电压力，导致电压偏低，造成配电系统可靠性下降。

 清洁能源消纳

1. 现状

近年来国家充分重视清洁能源的发展，为积极引导分布式新能源、清

洁能源大量接入电网，国家在《中华人民共和国节约能源法》《中华人民共和国可再生能源法》等多部法律上明确其在现代能源中的地位，在政策上给予了巨大支持，相继出台了《关于促进光伏产业健康发展的若干意见》（国发〔2013〕24号）、《能源发展战略行动计划（2014—2020）》（国办发〔2014〕31号）等。《关于进一步深化电力体制改革的若干意见》（中发〔2015〕9号）中，将建立分布式电源发展新机制作为深化电力体制改革的一个重点进行阐述。

国家电网公司积极响应国家号召，先后出台《国家电网公司关于做好分布式电源并网服务工作的意见》及《国家电网公司关于促进分布式电源并网管理工作的意见》等相关工作意见，在规划、接入、运行、管理等方面提出了明晰的政策，支持分布式电源的并网工作。随着国家政策的激励，分布式电源并网出现了快速增长，目前电网接入的分布式电源的类型主要包括光伏发电、风力发电及燃气三联供发电，考虑到大规模分布式新能源、清洁能源的接入可能会对电网造成冲击，这就需要在大规模接入电网前，对于分布式新能源、清洁能源对电网发展和电网公司运营的相关影响有着超前的认知。

随着技术进步、产业规模的不断扩大，清洁能源发电的成本将继续不断降低。技术进步是降低成本、促进发展的根本因素。单晶硅电池的实验室最高效率已经从6%提高到目前的24.7%，多晶硅电池的实验室最高效率也达到了20.3%。薄膜电池的研究工作也获得了很大成功，非晶硅薄膜电池、碲化镉（CdTe）、铜铟硒（CIS）的实验室效率也分别达到了13%、16.4%和19.5%。其他新型电池，如多晶硅薄膜电池、燃料敏化电池、有机电池等不断取得进展，更高效率的新概念电池受到广泛重视并被列入研究开发计划。与此同时，清洁能源产业技术和系统集成技术与时俱进，共同促使清洁能源发电成本不断降低和市场及产业的持续扩大发展。

2. 未来发展方向

为实现社会经济发展与环境美好协调，必须确保充足的清洁、高效能

源的供应。经济发展多年来一直受到能源供应短缺的制约，近年来"两个转变（转变国家电网公司发展方式，转变电网发展方式）"的深化，产业结构正在调整，加上国民经济发展实现"软着陆"，使能源供需矛盾有所缓解。围绕全球气候变化的国际环境外交斗争日趋尖锐，又将对能源发展产生新的压力。在这种新形势下，未来一次能源结构实现从以煤、油气为主逐渐向清洁能源过渡。未来应该合理引导新能源向负荷集中地区投资，激发市场活力。

此外，随着政府补贴政策的调整，地面电站建设的趋势急速下降，分布式能源井喷式发展。由于新能源电站土地审批在政策上出现变动，新能源电站项目大批停摆。地面电站建设受土地审批和补贴政策调整，近期内呈降温趋势。分布式电源项目由于国家补贴未降，并且不受土地政策影响，未来将进一步蓬勃发展，但鉴于厂房、屋顶均为有限资源，随着大面积厂房屋顶的减少，大规模的分布式电源项目的市场将逐渐饱和，小容量、零散接入的分布式电源将成为未来市场的引爆点，新能源及分布式电源建设将逐步渗透到电网的各个层级，进入千家万户。

 多元化负荷接入

1. 现状

在国外，电网与多元负荷互动主要通过需求响应来实现。利用价格手段，通过用户的主动参与，实现多元负荷与电网的互动。美国于 2002 年展开对需求响应的研究，涉及实用程序、控制、通信系统的研究，以及如何以最小化的用户损失达到最佳需求响应效果的实施途径及模式。美国得克萨斯州及加利福尼亚州的电力企业，专门在智能电表附加了用于向家庭内信息终端（户内显示器）传送数据的通信模块，将智能电表用作一种"家庭网关"，在家用空调里设置了可自动调节温度的恒温器，通过向恒温器直接发送控制信号，可适当提高或者降低室内温度，减少电力需求，已经收

到了明显效果。欧洲积极建设需求响应机制，该机制将需求方资源等同于供应侧资源，通过价格机制改变用户用电模式，用户积极响应价格信号，主动参与需求响应项目。用户安装专门的控制器和监视器来确认并接受需求侧响应；电网公司通过减免用户电费或提供资金支持的方式鼓励用户参与需求侧响应。

国内在这方面还基本处于探索阶段，主要开展了面向电动汽车、智能楼宇、空调等负荷的需求响应工程，实现了电动汽车、柔性负荷根据电网峰谷负荷进行自动响应。我国由于电价处于政府管制状态，通过价格机制来实现互动的难度比较大，需求侧管理主要通过调整电动汽车、柔性负荷等在电网中的用电时间来达到互动的效果，电力用户主动参与需求侧响应的意愿不强，需求侧自动响应技术及模式创新性不够。

2. 未来发展方向

在电动汽车充换电设施建设方面，做好配电网规划与充换电设施规划的衔接，保障充换电设施无障碍接入；加强配电自动化系统对充电站的实时信息采集，为充电设施有序充电控制和电动汽车用户充电行为优化引导提供依据；研发实用化的电动汽车智能有序充电负荷管理系统实现对充电桩负荷的有序控制，让配电网具备负荷高峰时对充电用户引导管理的能力，做到负荷分配均衡；建立并推广供需互动用电系统，实施需求侧管理，引导用户能源消费新观念，实现电力节约和移峰填谷；适应电动汽车、储能等多元化负荷接入需求，打造清洁、安全、便捷、有序的互动用电服务平台。

在储能方面，随着储能技术的进步，全生命周期内综合度电成本的不断降低，未来分布式储能商业化的前景广阔，将在电网中参与电网调频、调压等辅助服务，发挥削峰填谷的作用。需要充分调动市场机制，通过技术和经济手段促进电动汽车、储能等多元负荷参与需求响应，源荷互动，加强电网的弹性恢复能力。推广电动汽车有序可控充电、充放储一体化运营技术，实现城市充换电设施的互联互通。进行功率调节，实现错峰充电，

在满足用户充电需求的基础上保障电网的安全可靠运行，平滑负荷曲线，削弱电网负荷波动，减轻调度压力；降低电网能量损耗，减少电源和电网投资。

第三节　能　源　产　业　变　革

　能源产业发展趋势

能源是人类赖以生存和发展的基础，是国民经济的命脉，关乎国家根本。能源问题始终都是世界各国关注的焦点，而能源领域的技术变革与创新则贯穿于人类社会的发展历史。人类社会对能源的利用方式表现为一种螺旋式上升的发展过程具体如下。

（1）原始阶段，人类社会生产生活对能源需求较低，主要通过刀耕火种和就地取材解决自身能源需要，这一阶段的能源供应主要来源于动植物衍生品，如木材、植物秸秆、动物粪便等，全部为可再生能源形式。

（2）伴随着化石能源规模化开发和与之相伴的第一次工业革命，人类文明进入发展的快车道，能源需求不断增加，化石能源和可再生能源的使用量逐渐被反转。

（3）电能的规模化使用和由此引发的第二次工业革命，助推社会以更快速度发展。电能易于传输、转换和使用的特性，使其在人类社会能源供用环节的比重和被依赖程度不断提高。然而，人类社会对能源需求量的急剧增加导致化石类能源的过快和过度开发，并由此引发了人类社会对于环境污染和未来能源供应能否持续的担忧。为应对人类共同面临的这一挑战，社会各界已开展了大量研究，主要体现在开源和节流两方面。

开源即是寻求更多的可用能源以维护能源的可持续供应。除去传统意

义上的化石能源（包括页岩气）、核能和水能外，风能、太阳能、生物质能和海洋能等近年来得到高度关注并迅速发展。节流则在于尽可能减少对能源的浪费，通过提高能源的利用率，力求延缓化石能源枯竭的速度，并减少对环境的污染。一方面，几乎每一种能源在其利用过程中，都需要借助多种能源的转换配合才能实现高效利用。另一方面，伴随社会发展先后出现的石油、天然气、电力及冷热等能源供用系统，由于历史原因，往往都是单独规划、单独设计、独立运行，彼此间缺乏协调，由此所造成的能源利用率低、供能系统整体安全性和自愈能力不强等问题也亟待破解。此外，不同能源供应系统的运行特性各异，通过彼此间协调，可降低或消除能源供应环节的不确定性，从而更有利于可再生能源的安全消纳。

20世纪五六十年代以来，以计算机技术、自动控制技术、通信技术、数据处理技术及网络技术等为标志的 ICT（Information and Communication Technology）领域的大量变革创新，为能源领域的进一步提升和发展提供了强有力的技术支持。

 能源互联网建设

1. 概念

能源互联网的概念最早见于美国学者杰里米·里夫金的著作《第三次工业革命》。里夫金的构想是希望借助 ICT 技术和智能电网，将各类分布式发电设备、储能设备和可控负荷有机统合，从而为用户提供清洁便利的能源供应，并使用户可以参与到能源的生产、消费与优化的全过程。

此后，能源互联网理念得到很多学者及 IT 企业的积极响应，并已成为近期能源领域的一个研究热点。但能源互联网至今尚未形成统一定义。图2-3给出了其中的一种定义框架：能源互联网是源、网、荷、人等各能源参与方互联的基础平台，通过能源流、业务流和信息流的三流合一，实现双向对等的共享与交互。

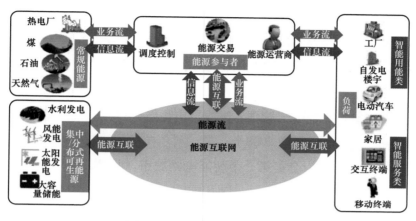

图 2-3　能源互联网示意图

　　能源互联网解决方案由于受互联网理念的影响，强调能源的对等开放、即插即用、广泛分布、高度智能及实时响应等特性，需要借助 IT 领域的云计算、物联网、大数据等热点技术来解决其所面临的挑战，使得除能源企业外，还有大量 IT 企业积极参与该领域的研究和技术推广。

　　2.国内外发展情况

　　（1）国外发展情况。美国在过去 30 年中，始终处于 IT 界的领先地位，并有 Internet 的成功运营经验及大量互联网资源，非常希望将这一领域的优势与能源行业融合。美国加州大学伯克利分校提出"以信息为中心的智慧能源网络"架构及可扩展能源网络模型，并开发出相应的信息接口和传输协议。受美国自然科学基金项目"The Future Renewable Electric Energy Delivery and Management System（FREEDM）"的资助，美国北卡罗来纳州立大学研究团队将能源互联网的研究定位于构建一种在可再生能源发电和分布式储能装置基础上的新型电网结构，并提出能量路由器（Energy Router）的概念。能量路由器将现代电力电子技术和 ICT 技术有机融合，集智能变压器、能量转换器、快速开关和能量采集环节的功能于一体，是实现能源即插即用接入和开放互联的核心部件。以德国为代表的欧洲各国研究机构，主要从先进工业技术出发，对能源互联网技术展开研究。欧洲主要通过探索实践项目推进能源

互联网的发展。德国于 2008 年宣布了全面转向可再生能源的战略目标，在智能电网的基础上进行为期四年的 E-Energy 计划，其目标是建立一个基于信息和通信技术实现自我调控的智能化能源系统。美国以智能电网建设为先导推动能源互联网建设。美国智能电网技术主要应用在智能电网平台、电网监控和管理、智能计量、需求方管理、集成可再生能源、充电式油电混合动力车或纯电动汽车等方面。早在 2008 年，美国科罗拉多州的波尔得就完成了智能电网的一期工程，成为全美第一个智能电网城市。此外，通用、IBM、西门子和谷歌等大企业都积极加入到美国智能电网的建设中。2011 年欧洲启动了欧洲未来互联网计划 FI-PPP（Future Internet Public Private Partnership），由众多交叉领域项目构成，目的是通过行业需求的驱动，更好地推进欧洲互联网的发展。能源领域的项目为 FINSENY（Future Internet for Smart Energy），其目的是通过 ICT 技术和互联网技术的升级改造，更好地服务于未来欧洲的智能能源系统。

（2）国内发展情况。继智能电网大规模建设后，能源互联网同时吸引了包括政府部门、研究机构、能源企业、IT 企业、互联网企业和金融企业的高度关注。李克强总理多次提及里夫金的著作，并在国家层面推动"互联网＋"行动，在能源领域即表现为能源互联网，为此国家能源局制订并将颁布能源互联网国家行动计划，将其上升至国家战略层面。能源领域的国家电网公司提出了全球能源互联网概念，可视为国家"一带一路"战略在能源领域的一次大胆尝试。舒印彪董事长在国家电网公司第三届职工代表大会第三次会议暨 2018 年工作会议上指出，国家电网公司将开启建设具有卓越竞争力的世界一流能源互联网企业新征程，为服务全面建成小康社会、夺取新时代中国特色社会主义伟大胜利做出新贡献。新奥集团在其泛能网理念基础上，进一步推出互联网能源系统概念。华为公司专门成立电力、石油及天然气行业的研发团队，进军分布式光伏发电及智能变电站等领域，并提出"全联接电网"概念，我们从中可感受到中国民营企业在能源领域的灵敏嗅觉。此外，以硬件产品起家的华为公司对于能源互联网的

未来发展，有着自己独立的思考和认识，表现出优秀企业的内在特质。国内能源互联网的各类研究更是异常火热。2015 年 4 月，清华大学倡导，国家组织召开了第 523 次香山会议，主题聚焦"能源互联网：前研科学问题与关键技术"，是国内该领域学术思想的一次集中碰撞。清华大学信息技术研究院的研究团队认为能源互联网是以大电网为主干网，以微网和分布式能源等能量自治单元为局域网的新型信息能源融合广域网。中国电力科学研究院、国防科技大学等研究团队均基于互联网思维对能源互联网进行了研究。

 综合能源服务

新电改相关政策文件提到我国将全面放开用户侧分布式电源市场，支持企业、机构、社区和家庭根据自身条件因地制宜投资太阳能、风能、生物质能及冷热电三联供等各类分布式电源，鼓励专业化能源服务公司与用户合作并参与到分布式能源的建设中。新型综合能源服务应运而生，新型综合能源服务是以用户侧需求为导向，根据客户对能源利用的需求借助科学合理的分配、转换及利用技术，为用户提供经济、节能、环境、生态等多目标优化的能源服务。新型综合能源服务包含的内容如图 2-4 所示。

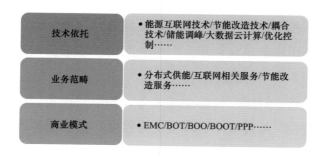

图 2-4　新型综合能源服务

1. 技术依托

大数据云计算：综合能源服务中数据源具有数量巨大、结构复杂、实时性要求高等特点，采用大数据云计算技术可以充分挖掘数据蕴含的价值，帮助综合能源服务中的参与者快速完成交易，并可对能源生产、配送、转换和消费各个阶段进行科学预测。

优化控制：现阶段城市能源相互独立分散的运行模式会带来一定的弊端。优化控制可实现对常规能源系统进行优化，达到提高能源利用效率的目的，实现真正意义上多种用能需求协调响应。

储能技术：储能技术可以从根本上解决大规模新能源电力的平抑问题，在系统扰动时，储能装置可以作为电网的热备用，瞬时吸收或释放能量，使系统中的调节装置有时间进行调整，避免系统失稳。

2. 业务范畴

新型综合能源服务中的分布式供能业务：考虑用户所在区域的资源禀赋及能源结构，以用户需求为导向为其提供供能系统咨询服务。依据用户负荷特性，为用户提供合适的分布式能源产品，规划设计分布式能源系统的建设方案；根据用户需求，按照工程实施相关规定为其提供分布式能源工程总包、系统集成及运维售后等服务。

互联网相关业务：通过间断或实时监测系统，在线监测用户用能数据，通过大数据和云计算对区域内用户目前用能情况进行动态分析，实现能源相关信息共享。积累用户用能数据，预测用户负荷，为用户提供可选择的能源使用方式，根据用户用能特点给出能源管理建议。另外，区域内各交易主体可通过能源服务平台利用互联网来实现能源的自由买卖，通过共享使用权实现能源系统实时最优配置。

节能改造业务：对用户目前用能设备，如电气设备，供暖（冷）设备的实用性、稳定性、能耗效率、环境友好程度和经济性等因素进行分析评估，为用户提供节能咨询或节能技术来改造项目，形成节能管理长效机制，实现合理用能，达到提升用户能源利用率和降低能耗的目的。

3. 商业模式

"互联网＋平台"的建立使得综合能源服务的商业模式更为多样化，可参考的几类商业模式见表 2-2。

表 2-2　　　　　　　综合能源服务商业模式

类别	含义
EMC	节能效益分享、节能量分享、能源托管
BOT	建设—经营—移交
BOOT	建设—拥有—经营—移交（楼宇型常用）
BOO	建设—拥有—经营（区域型常用）
PPP	政府和社会资本合作

目前，应用较多的商业模式包含两类，可总结为：

（1）投资方建设运营。能源服务商负责综合能源项目的投资、建设和运营，根据用户需要供应能源，以运营收益获取投资回报。该方式适用于非专业、规模较小或较为分散的能源用户，用户免除了分布式能源的固定资产投资，由专业的能源服务商进行专业的管理，提高了设备运营效率。

（2）业主建设委托运营。用户负责分布式能源项目的投资建设，委托能源服务商运营管理，项目运营成本由业主承担，能源服务商获取运营管理费。该模式的投资风险全部由用户承担，能源服务商获取固定的收益。

本章小结

（1）城市电网发展应更具灵活性和适应性，电力企业应提供更优质的客户服务以增强在电力市场中的竞争力。

（2）以风电和光伏为代表的清洁能源，以及以电动汽车为代表的多元化负荷接入，将对城市电力供需平衡产生影响，城市电网正面临清洁能源

消纳及多元化负荷接入快速发展的新形势。

（3）随着能源不断消耗，能源产业结构正从化石能源为主向清洁能源为主转变。将电、气、冷、热等多种能源资源整合的能源互联网可显著提高能源利用效率。以用户侧需求为导向，通过合理分配和转换，为用户提供经济、节能、环保的综合能源服务将成为能源产业未来的发展趋势。

第三章

世界一流城市电网建设理念

　　当前的世界一流城市作为区域一体化发展的载体和参与全球竞争的空间单元，主导了经济社会的发展趋势，而支撑城市经济社会发展的根本便是以电力为主的能源供应。一流的城市必然需要一流的电网与之相匹配，一流的电网能够带动城市综合经济的发展，实现人民生活的更高要求，促进城市生活更加智能化、互动化，推动城市发展不断前行。

第一节 建 设 驱 动 力

 实施背景

能源需求是推动世界工业发展和人类文明进步的重要因素。随着世界经济的不断发展，电力作为清洁、高效的二次能源，已经遍及人类生产和生活的各个领域，电力工业发展也成为了社会发展水平的重要标志。一个城市的电网发展水平与经济发展水平相匹配，经济发达的一流城市也需要足够坚强可靠和经济高效的电网提供支撑，这已经成为了建设一流电网的主要驱动力。

（一）世界一流城市发展现状

城市是历史发展到一定阶段的产物。纵观世界级的一流城市发展历史，几乎每座城市都经历了数十年甚至数百年的变迁，才演化成了当前经济发达、产业聚集、综合竞争实力极高的经济体。当前，虽然各城市都有自己的发展特点，但各城市仍然具有当前一流城市的共性特征。

1. 具有国际影响力的经济地位和都市圈特征

20 世纪 60 年代以后，随着科技革命发展的日益深入，经济全球化和区域经济一体化的进程快速推进。在这一进程不断深入的影响下，新一轮国际产业空间的地域分工全面展开，促使产业逐渐集聚在这些发展领先的城市，规模经济效应逐渐凸显。在这种机遇下，一些具备条件的城市开始或者基本完成了相应的经济转型，大都市的制造业产值和就业比重持续下降，第三产业中消费服务业的部分行业经过一定增长之后也开始下降，而以金

融业为主的生产者服务业开始表现出迅速增长的势头，生产者服务业发展成为中心城市及整个城市群经济增长的推动力，直至发展成为了当前全球最具经济活力和发展前景的经济、金融中心。

当前世界一流城市的功能主要体现为"七个中心"：生产要素的国际配置中心、经营决策的国际管理中心、知识技术的国际创新中心、信息思想的国际交流中心、立体交通的国际贸易物流中心、旅游休闲的国际游客中心、生态多元的国际宜居中心。诸如伦敦、纽约、巴黎、东京等，都是世界性的国际化城市。由于自身发展所带来的吸引力，这些城市都具备较大的自身经济规模，即各种城市的发展资源、发展要素会因为一座城市规模的逐渐扩大而逐渐向其靠拢。如纽约都市带的 GDP 占全美国的 24％，东京都会区占据日本的 26％，伦敦占据英国的 22％，巴黎占据法国的 18％，汉城占据韩国的 26％。在具备大规模的自身经济体量之后，综合型、国际化的一流城市便具有了以自身为中心的广阔的经济腹地。这些城市的经济吸收和辐射能力能够达到并能促进其经济发展的地域范围，形成了全球经济一体化背景下的世界级都市圈。

都市圈是都市化战略中最重要的一种空间形式，是由一个或多个核心城市与其周边地区共同形成了具有紧密的经济、社会、文化等联系的城市区域，并且该区域具有一体化倾向的圈层状地域结构特点，城市之间的联系由分散状态向集聚状态发展，显现出规模化、集团化和一体化的发展态势。当前的国际级别城市，除了自身的地域条件限制之外，基本上已经演化成了以自身为核心的都市圈的发展状态。目前在西欧、北美、日本等国家和地区出现了世界级的中心城市、大都市连绵带和城市群，如英国大伦敦都市区、法国巴黎大都市区、荷兰兰斯塔德都市圈、美国纽约都市圈、日本三大都市圈及韩国汉城大都市区等都市圈。从这些都市圈的发展过程可以看到，都市圈的发展能够促使产业集聚和提高规模经济效应，能够推动区域经济快速发展和提升区域参与全球竞争的实力，给世界各国和城市产生了深远影响，为城市经济的发展创造了前所未有的机遇。已经崛起的

东京、纽约、大阪、巴黎、伦敦等五大世界级都市圈，也较好地证明了这一点。这些都市圈经济活动的全球化扩散和一体化，促使城市网络体系形成，使主要城市的功能进一步加强，区域城市化和城市区域化成为未来城市发展的主流趋势。作为区域经济发展的微观主体，都市圈对经济社会的发展起到了无法替代的推动作用。

2. 能源需求较早转向清洁化、低碳化

能源是经济增长和社会发展的重要物质基础，世界上任何拥有重要经济地位的城市都需要大量的能源供应。根据国际经验，当人均 GDP 超过1000 美元以后，居民消费结构将逐步转型和升级，从基本物质保障等为主转向住房、交通等更高层次的需求为主。随着城市化脚步的不断加快和未来居民收入水平的不断提高，城市的基础设施、住房的建设带动了钢铁、有色金属、建材等高能耗产品消耗的增加，人们更加寻求舒适便捷和快速高效的生活方式，这就使得能源的需求增长更加迅速。但随着经济社会的不断发展和人类文明的不断进步，人们开始意识到经济的快速增长不能以牺牲环境为代价，能源的持续发展才是保证城市发展的必由之路，这就决定了能源需求必将向清洁化、可持续化转型。

世界一流城市更加重视能源转型。自 20 世纪 90 年代开始，纽约市已经开始了大型光伏发电公共项目的建设。早在 2007 年，新加坡就已经将清洁能源上升到战略性增长领域的高度，并成为全面推进发展环境和水处理技术产业的一个组成部分。清洁能源产业的综合蓝图已有规划，并由新加坡经济发展局（EOB）、新加坡能源市场管理局（EMA）、新加坡房屋建设局（BCA）、新加坡国家环境署（NEA）及新加坡科技研究局（A＊STAR）等多个政府部门组成清洁能源计划办事处（CEPO）充当先头部队。2014年，全球首座太阳能桥在伦敦建成，这是由泰晤士河上的黑衣修士桥车站（Blackfriars Bridge）改建而成，屋顶覆盖着 4400 块太阳能电池板，年均发电量达 90 万千瓦时的电力，可满足车站一半的用电需求。2016 年，东南亚地区第一个太阳能浮岛项目——登格蓄水池太阳能浮岛项目在新加坡建成，

此项目的发电量可满足约 300 户四房式组屋家庭一年用电所需。

在能源需求转型的同时，绿色能源消费也受到了极大的重视。绿色能源消费模式是一种基于可持续发展理念的能源消费模式，其核心是以合理的能源消费、总量减量化为基本原则，通过节约用能、提高能源利用率、推动高品质能源对低品质能源的替代，追求最小的能源消耗获取最优的效用，以实现能源可持续利用的目标。绿色能源消费模式强调能源消费与经济社会发展及生态环境的动态平衡，其基本特征是绿色，即节约、环保和可持续，本质是实现人与自然和社会的协调发展。自 2004 年欧盟开始统计该数据以来，绿色能源占比已经提高近 2 倍。按照欧盟设立的目标，2020 年绿色能源占比将达 20%，2030 年将达 27%。

一个城市的经济越发达，就越会注重节能优先的战略，只有发展循环经济、推广低碳技术才能促进经济社会发展与人口资源环境相协调，尤其是资源相对匮乏但人口高度集中的发达城市，可持续的发展便是城市发展的必然途径。当前的世界一流城市在发展经济的同时也具有较高的低碳发展意识。对城市密度与交通能源消耗关系的相关检验发现，城市密度越高，人均交通能源消耗越低，如东京、首尔等较高发展阶段的城市，其人均二氧化碳排放水平要低于较低发展阶段的城市。新加坡提出了提高能源效率的"能效新加坡"计划，重视企业、公共机构和家庭的节能行为，制订企业能源效率计划、家庭能源效率计划、推广电动汽车提升交通运输系统能效及颁布能效相关法规等措施来进行节能优先战略的推进。东京从发展节能技术、保护能源来源、实施能源消费多样化等多方面进行结构调整，旨在降低日本汽车运输业对石油的依赖性。鉴于低成本、高热值和方便性是汽车运输业普遍以石油为燃料的根本原因，日本政府在制订汽车运输业的下一代能源利用计划时，兼顾了能源结构调整对运输成本的影响，确定了多样化的燃料结构，并将电动汽车、燃料电池汽车列入中长期发展计划。

3. 具备智慧城市的初步形态

智慧城市是信息时代城市发展的新模式，是以大系统整合的思想实现物理空间与网络空间的交互，使城市的管理职能更加智能，城市各种资源调配更加协调高效，城市经济发展更为高端，大众生活更加便利的一种现代城市发展模式。当前的世界一流城市在寻求经济发展和节能高效的同时，也具备了智慧城市的初步形态。智慧城市的目的是形成城市系统运转的良性循环，以创造一个更好的生活、工作、休息和娱乐的城市环境。智慧城市是继数字城市之后，城市信息化发展的高级阶段，是目前发达国家提高城市资源利用水平，降低城市管理成本，提升市民生活质量的一种现代的城市发展模式。相较于传统数字城市，智慧城市实现了对整个城市系统化管理，提高了城市的整体运营效率，是信息化、工业化和城市化的深度融合。因此，智慧城市是各大城市发展的必然方向，而纽约、新加坡和首尔等国际化都市在较早时期就萌生了智慧城市的发展理念。

美国在 21 世纪初就启动了"智能化城市"计划，纽约在 2009 年提出了"城市互联"行动计划，这是对城市发展起到关键作用的规划。例如，为了改变老旧城市基础设施运转不灵、公共服务供给水平低下等问题，在纽约城市总体规划（2008—2030）中，提出通过发展绿色建筑、改善交通等方面提高城市治理功能。这些措施，大大提升了城市基础设施的服务水平，提高了城市公共服务的便利性。

新加坡为了将国家发展成为智慧国家与全球都市，在 2006 年提出了"智慧国家 2015"规划（第六个信息通信产业发展蓝图），这是国家层面直接参与规划国家发展蓝图的典型。以新加坡政府为主导，以政府引导资金为吸引，在全球范围内广泛吸引合作伙伴，形成了端到端的智慧城市解决方案。新加坡政府制定了四大策略：第一，建立超高速、广覆盖、智能化、安全可靠的信息通信基础设施；第二，全面提高本土信息通信企业的全球竞争力；第三，建立具有全球竞争力的信息通信人力资源；第四，强化信息通信技术的尖端、创新应用。在规划落实过程

中，新加坡不断提高信息基础设施建设投入，为全社会提供高带宽、低资费的网络服务，扩大信息技术在社会中的应用范围，加速了城市的信息化进程。该规划对产业发展提出了设计，对刺激产业发展，加速智慧城市建设起到了关键作用。

2011年，首尔发布了"智慧首尔2015"计划，率先提出向手机、平板计算机等智能终端使用者提供行政服务，这是首尔电子政务改革过程中迈出的一大步。韩国的松岛是驰名中外的智慧城市模板，作为一个自2000年开始建设的人工岛屿，具有落实智慧城市设计的便利性，城市信息系统建设较为完整，各类智能设备应用极为广泛。政府为大型企业提供信用保证和政策支持，将技术广泛应用于办公、绿色建筑、教育、医疗、安全、虚拟学习、交通控制、废水回收利用等领域。韩国政府计划到2020年，将松岛打造成国际商务的节点城市、科技产业的中心城市和尖端文化城市。

智慧城市不仅会改变居民的生活方式，也会改变城市生产方式，保障城市可持续发展。智慧城市被认为是一种具有新特征、新要素和新内容的城市结构和发展模式。从城市内涵特征上看，智慧城市具备经济上健康合理可持续、生活上和谐安全更舒适、管理上科技智能信息化的特征。从城市发展要素上看，智慧城市强调以人为基础，以土地为载体，以信息为先导，以资本为后盾。从城市发展内容上看，智慧城市覆盖了智慧经济、智慧移动性、智慧环境、智慧市民、智慧生活和智慧治理等领域。发展智慧城市有利于培育和发展战略性新兴产业，创造新的经济增长点，有利于抢占未来科技制高点，提升城市核心竞争力。因此可以说，当前的世界一流城市基本上已经具备了智慧城市的初步形态。

（二）世界一流电网在世界一流城市中的地位

对于一个经济发达的城市，相应的电力供应是必不可少的。建立与之相匹配的世界一流电网是保证城市经济发展和人民生活的必要条件，而一

流的电网体系也推动了一流城市的继续前行。

1. 世界一流电网是城市发展的必然需求

城市化是人类文明的象征，随着经济和社会的快速发展，人口膨胀过快、交通拥挤不堪、环境污染严重、资源消耗过度、安全隐患明显、社会治安不稳等各方面的影响将伴随着城市的发展而产生。这些问题会阻碍城市的运转，甚至使城市的发展停滞不前。当前的世界一流城市正是针对这些问题及时采取了可持续的发展战略，才换来了今天的繁荣。现代化的智能交通系统、先进的城市指挥中心、友好便捷的公众服务平台等智慧因素是当前世界一流城市普遍具备的特征。这些智慧因素的产生、演化和发展决定了城市背后具有着强大的能源支持。随着世界政治经济形势、气候环境变化和能源发展格局的转变，未来的能源结构必定由以化石能源为主逐步转变为以可再生能源为主。能源安全、清洁、高效是保障人类社会可持续发展，实现能源供应与能源消费革命的重要标志，清洁能源、可再生能源逐渐代替化石能源是城市能源利用的必然趋势。而对可再生能源的利用，绝大部分要转换为电能来实现，这就决定了电网不再只承载电能输送的功能。构建资源配置水平高、抵御风险能力强、技术装备水平先进、能源传送环保低碳、生活服务智能友好的一流电网体系，是满足经济社会和人民生活的用电需求、保障智慧城市发展和综合经济发展的必然需求，也是实现能源和电力工业科学发展的必由之路。

2. 世界一流电网推动了城市的向前发展

世界一流的电网体系为世界一流城市提供了最基础的能源保障，与此同时，由于一流电网本身具备的特征，一流电网的建立也将促进城市向更加现代化的方向发展。

一流的电网通过采取智能化的控制技术和设备，促进智能电器和其他行业智能设施的开发应用，对相关产业结构的调整和产业升级的快速发展具有巨大的带动作用，有助于促进城市的高效运转，加快城市化、信息化进程，支撑智能经济系统、智能社会网络和智能生态系统的几乎所有子系

统，形成交互式的网络与系统，促进城市各环节资源的优化配置，充分发挥城市对于人流、物流和信息流的聚集功能，实现城市资源的高效配置、经济健康发展和社会的全面进步。

一流的电网具有良好的推广和带动基础，通过市场和价格的杠杆作用引导节约用电、合理用电、科学用电，成为一个环境友好、可持续的能源服务平台，使能源消费摆脱原有的孤立、封闭、线性和信息不对称的简单利用模式，转变为基于系统能效最优的协同、互补、智能应用。在降低电网自身损耗的同时，带动新型用电技术的发展及能源消费方式和观念的变革。一流电网在能源战略转型中发挥着重要的作用，并成为推动绿色经济发展和智慧城市发展的强大动力。

 价值和效益

对于现代化程度极高的世界一流城市，无论是从能源需求还是用户服务，建立与之匹配的世界一流电网将能够产生多重价值和效益，如图 3-1 所示。

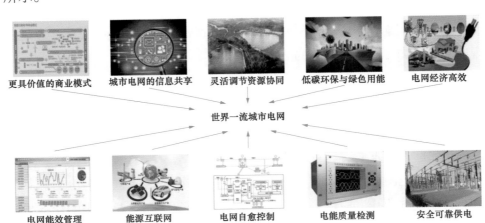

图 3-1　世界一流城市电网价值和效益

1. 提供安全可靠的供电途径

任何一座城市经济社会的飞速发展都会带来持续强劲增长的电力需求。在电量急剧增长的情况下，如果电网建设相对滞后，就会造成供电承受能力的不足，从而导致停电风险的增加。这种用电量大规模的增长和现阶段供电能力有限的矛盾将给人们日常生产生活带来极大的不便。电力系统的根本任务是尽可能经济且而可靠地将电力供给用户，安全、经济、优质、可靠是对电力系统的根本要求。但是，在城市电网功能日臻完善的过程中，系统结构日益复杂，系统所包含的元件数量越来越多，自动化程度越来越高，且系统不断向高电压、远距离和大容量方向发展。因此，由于系统元件出现的随机故障而引起的系统功能的部分甚至全部丧失，给现代社会的正常生产和生活带来的经济和社会损失越来越巨大。电网的安全可靠是规划、设计、基建、施工、设备维护、生产运行等方面质量和管理水平的综合体现，网架结构水平、运行维护水平和自动化支撑水平等是影响安全可靠供电的关键因素。一流电网具备坚强的网架结构，能够及时地转移负荷，保证用户的不间断供电，体现供电系统对外部风险因素极强的抵御能力；具备状态检修、故障抢修和带电作业等运维功能，有助于提高系统对故障的抵御能力，是用户正常供电的重要保障。同时，一流的电网具备高效的自动化支撑能力，大大提高对用户的响应速度和服务质量，这是数字化和信息化时代极为发达的一流城市电网安全可靠供电的重要技术手段。总之，一流电网具备了高可靠性和超强的适应能力，使得负荷更加均衡、故障排除更加快速，能够实现供电系统的良性发展，将一些不可预见的损失风险降低到最低，从而高质量保证一流城市的正常运转。

2. 提供高质量的电能

世界级的一流城市的经济发展决定了人们对生活质量的高要求，设备智能化、信息共享化、服务便捷化等多种现代城市特征使得大量的高科技、高性能的电子产品随即产生。这些电器设备内的非线性电子器件造成

的不平衡性对系统的电能质量造成了严重的干扰，降低了电能质量的水平。以清洁和绿色方式满足全球电力需求也是当前世界一流城市未来的发展方向，因此风能、太阳能等新能源得到了更加广泛的研究与应用。但这些新能源受自然条件的影响而具有的波动性、间歇性、随机性导致电压波动也具有极大的不确定性，大容量风电机组或者多台风电机组同时并网、离网会导致主网电压的骤升、骤降等一系列的暂态、稳态电能质量问题。而且配套电力电子器件的运行，造成了清洁能源并网后的电力系统要承受大量的谐波，电能质量大幅下降，严重影响城市的正常运转。一流电网能够提供精细化的电能质量管理动态数据，通过对智能电表收集到的信息进行挖掘，可以检测、诊断和分析企业用电结构和用电方式存在的问题。提出相应的措施，尽可能地减少电能质量扰动给用户带来的影响，同时为实施节电改造、节能考核等提供科学、准确的依据。此外，一流电网具备灵活可调的资源和调度策略，尽可能多地平抑清洁能源的波动性，减少系统的谐波影响，为用户提供更加"好用"的电能。

3. 具备较强的自愈能力，实现城市的"无忧"用电

自愈主要是对电网的运行状态进行实时评估，采取预防性控制手段，及时发现、快速诊断和消除故障隐患，变被动的事后处理为主动抑制事故发生。世界一流城市是世界人口的聚集地，也是世界级的现代工业与商业中心，一旦停电将会造成巨大的经济损失和严重的社会影响。然而台风、冰雪、地震等自然灾害时有发生，造成大量的倒塔、断线事故，引起大面积停电，波及范围广、持续时间长，如果在城市电网中没有分布式电源支撑，则会全城停电停水，给国家和人民造成巨大损失，引起社会秩序混乱，甚至像军工、医院、金融等电力负荷的失电，还会危及社会的安全与稳定。一流的电网具备较强的自愈能力，能够实现对城市电网的全面监控和灵活控制，能够在隐患发生时使用"用户无感"的方式将用户负荷切带到其他设备上。通过对城市电网的运行数据运用先进的计算分析方法和人工智能手段进行充分的分析研究，实时评估其运行状态，及时发现故障并自适应

地采取相应控制措施进行隔离，快速实现负荷转移，形成城市电网的自适应闭环控制，能够有效避免供电中断，提升城市电网的自愈能力，实现用户的"无忧"用电。

4. 实现低碳环保的绿色用能

很多城市都面临着水资源匮乏、环保空间有限、土地资源紧张等问题，经济发展不能再以牺牲环境为代价，发展清洁能源是保障能源供应安全、应对气候变化、改善环境质量的有效途径，具有重大战略意义。世界一流城市作为城市发展的先行者，充分意识到了清洁能源在未来能源供应的重要地位，纷纷通过完善法律体系和出台相关政策、研究新的技术体系来保障清洁能源的开发和应用。在这样的背景下，清洁能源迅速发展，产业化水平不断提高，在能源构成中的比例不断加大。但是清洁能源是一把双刃剑，在促进了低碳环保的同时，其自身具有的间歇性和波动性给当前的电网运行也造成了极大的冲击。因此清洁能源的使用便对城市电网带来了更高的要求。创造良好的环境效益、建设绿色环保的电网是世界一流电网的发展趋势。充分有效消纳清洁能源，为全社会提供高效低碳的绿色电能，是智能电网的核心特征之一。一流的电网可以满足清洁能源接入的要求，将远离城市的清洁能源不断地传送到城市，通过可普及推广的大容量储能系统、清洁能源发电功率预测系统、智能调度系统等技术，适应分布式电源和灵活调节资源等各类型电源的灵活运行，提高清洁能源在终端能源消费中的比例，减少城市温室气体的排放，促进城市发展低碳经济，实现绿色用能。

5. 推动能源互联网发展

能源互联是当前能源需求发展的趋势。能源危机和气候变化问题，都使得未来全球的能源供应形势从现在的区域内供应转变为更大范围的、更多形式的能源供应。随着以风电为代表的可再生能源迅猛发展，新能源发电的利用将减少大量化石能源的使用，同时，新能源所引起的能源结构与布局的调整也将引起能源在全球方位内的重新优化配置。这

就迫切需要能源互联网的出现，能源互联网是一个服务范围广、配置能力强、安全可靠性高、绿色低碳的能源配置平台，使能源的生产、传输、消费、存储和转换等环节构成了其中一条完备的能源链。能源互联网是未来满足各类能源使用需求的能源系统，是各类能源互联互通、综合利用、优化共享的平台，具有跨域平衡、低碳化等核心思想及网络化、清洁化、电气化和智能化等特征。一流的电网为能源互联网提供了最基础的载体，具备了高度安全可靠的网架、柔性可扩展能力，并支持多种分布式能源的即插即用和广域优化协调控制，从而实现冷、热、气、水、电等多种能源互补，实现"源、网、荷、储"的深度互动，从而促进能源的转型升级。

6. 带动能效管理、节约终端用能

能源是人类赖以生存的物质基础，也是促使社会不断发展前进的动力。现代城市，特别是世界一流城市的发展建立在能源大量消费的基础之上，合理的利用能源，采用有效的节能措施，支持经济、环境与能源的全面协调发展，做到不以剥夺后代健康发展机会为代价提高当代的生活质量，从而使人们在分享日益增长的物质与精神文明的同时，满足环境的可持续发展要求，这是当前一流城市面临的首要问题。需要大力发展需求侧管理（DSM），转变发展方式，解决能源供需矛盾。一流电网重视用户互动水平和增值服务能力，改变用电方式，提高终端用电效率，优化资源配置，在满足用电功能的前提条件下减少电量消耗和电力需求。对重点耗能用户的主要用电设备进行实时监测，将采集数据与同类用户进行对比，分析用户耗能情况，通过能效智能诊断，为用户的节能改造提供参考和建议。智能电表的使用使得分时电价的实行具备了条件，从而能够有效平衡电网负荷，为用户提供更合理的电能消费方式，合理安排用电设备的使用时序，优化用电方案，提高用电效率，降低用电成本，实现家庭用电的精益化管理。智能楼宇的实施能够自动检测楼宇的整体用电情况及相关设备的运行情况，并通过采集信息对楼宇的耗

能情况进行分析，结合分时电价，为楼宇提供更节约、更智能的方案，通过改变楼宇空调等用电设备的运行方式，实现负荷跟踪，确保楼宇实现最高的能量转换效率和舒适度。

7. 实现电网经济高效运行

电力作为城市发展的基本能源需求，不仅需要保证安全、可靠，更需要经济、高效，避免资源的浪费，提高供应的效率。提高经济效益，是城市生存和发展的根本要求，同时，良好的经济效益也是世界一流电网可持续发展的基本保障。一流的电网是用户和能源之间的纽带，合理保证电费回收，防止窃电，改造不合理的计划双电源、多电源用户负荷分配，提高功率因数，选择合理容量的变压器，避免"大马拉小车"的现象，尽可能地将电网自然功率靠向经济分布，保证合理的电网结构，加强线损的分级、分站和分区的线管理考核，进而降低电网的损耗，能够提高电网企业的经济效益；精确地掌握用户用电特性，实施远程双向负荷控制，合理地使用限电方式，减少重复停电，完善电能表计配置，在电网正常运行中，提高计量精度，控制好电度表计误差，在用电方面实行峰、谷电价，鼓励低谷用电实现削峰填谷，在保证电网运行高效性的同时，实现用户用电成本的降低，使用户将节约下来的成本用于其他的资金流转，促进城市的经济发展。一流电网的发展具有巨大的经济价值和社会价值，是电力乃至能源发展的新常态，对实现能源可持续发展具有重要的作用。

8. 促进灵活调节资源与清洁能源协同运行

新能源和可再生能源是全球公认的应对能源安全、环境保护和气候变化最具战略意义的领域之一，也是一流城市发展的能源需求趋势。与传统能源相比，可再生能源的建设周期短、间歇性、不确定性强、能量密度低，电力输出也只能控制在有限的范围内，且随机性很强，大规模可再生能源并网还会对电网的调频、调峰、电压质量、继电保护等问题产生影响，使电力系统运行时所面临的问题更加难以预测。分布式发电、微网、电动汽

车及负荷侧响应技术的快速发展，在一定程度上提高了用户参与系统平衡的能力。一流的电网具备灵活可调的能力，面对大规模可再生能源接入过程中所带来的日益增强的不确定性时，在接受可再生能源发出电能的同时，将会预留足够的备用电源容量与网络输送能力，以应对可再生能源出力不确定性引起的功率波动。一流电网的灵活性还起着调节用户负荷的杠杆作用，利用智能平台的建设及价格信息的实时化，使用户可以根据系统运行需求随时改变用电模式，主动参与调峰调频，甚至部分负荷可由电网调度机构直接控制，在不妨碍其实际生产和生活的前提下，成为可调度负荷。同时，用户侧需求响应、储能与燃气三联供机组接入也将成为未来一流电网的一大重要特征，将其作为灵活性资源加以利用，可以对消纳清洁能源起到重要的积极作用。因此，一流电网所具备的灵活性在电力系统的规划、建设、运行、调度等相关建设与生产活动中具有极强的参考意义和现实意义，能够解决运行过程中遇到的实际问题，保障城市电网的安全、稳定运行。

9. 推动城市电网的信息共享

信息交流的速度和规模在很大程度上决定了一个城市经济社会的发展速度和现代化水平。而世界的一流城市作为吸纳力极强、辐射面极广的信息集散地，已经充当了信息化的领头羊，信息化建设的水平也达到了较为成熟的阶段。电网作为城市发展的基础保障，也应重视信息化建设。随着电力系统不断发展，当前电网的多个实时或者非实时的监视、控制和管理系统对电网安全生产、经营和管理起到了不可替代的作用。但已建成的相关应用系统，多为不同时期分别进行建设或由不同专业负责建设的，由于缺少总体设计和统一规范，造成系统间数据流向不合理、通信接口复杂。各应用系统数据、网络模型参数得不到共享，增加了系统参数和数据维护的难度，制约了信息化水平的进一步提高。各系统之间相对孤立，信息的可见性和数据的可用性较弱，信息传递的容量、效率无法得到保证，存在"信息断层"。一流的电网将会具备统一的实时数据应用集成平台，充分发

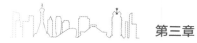

挥企业实时数据资源的作用，满足系统间不断增加的数据共享需求。实现电网信息全面和统一的数据化管理、电网信息数据库的自动化更新、电网状态的全面自动化检测和监视及电网信息数据的全域可达，从而实时、高效地保证电网安全、可靠供电。同时用户也可通过授权，由信息交互平台获得与电网互动所需的信息，让用户的感受更加舒适和便捷，使城市的发展更加和谐。

10. 促进更具价值的商业模式生成

全球正面临严峻的气候变化、环境污染、化石能源短缺等一系列长期挑战，可持续发展要求能源领域进行彻底而系统的变革。社会公众对环境日益关切，对清洁能源、节能降耗寄予更高期望，对能源综合利用率的要求不断提高，纯粹提供供电服务的微电网已经不能满足时代发展的需求，微能源网已经成为各大国际化都市供应需求发展的大方向。由狭义微电网发展起来的广义微型能源网集成了风、光、气等多种能源输入和热、电、冷等多种产品输出，能够提供供电、供冷、供热服务。由于微能源网综合考虑了各种能源之间的有机组合与集成优化，其突出优势之一是可以充分利用可再生能源及能源的梯级特性进行冷、热、电一体化生产、计划和调度。因此，无论是公有体制还是私有体制的能源供应企业，未来的能源销售方式必然发生巨大的变化。一流的电网具备高度安全可靠的网架、柔性可扩展能力，并支持多种分布式能源的即插即用和广域优化协调控制，为城市微能源网的建立和运行提供了最可靠的基础。一流的电网能够支撑综合能源体系的运行与发展，能够为能源企业从资源供应者向服务提供者的角色转变提供较为稳定的平台。能源互联网能够实现的用能模式从化石能源到可再生能源的转变，将从根本上影响能源产业的结构，改变能源的生产、传递和销售方式。随着全球能源市场发生的巨变，一流电网对于多种能源转换的有力支撑将会促使能源技术不断创新、客户服务期望更加多样化，从而逐渐催化出适应未来城市发展的新的商业模式。

第二节 基 本 理 念

一 主要特征

城市电网是包括发电、输电、供电、配电及用电体系在内的城市供配电系统，与所在供电区域的社会、经济、城市化水平、用电情况、供电可靠性要求及上级输电网规模、结构等密切相关。安全、可靠、经济、优质是对电力系统的基本要求，也是世界先进城市和地区电网的共同特征。

创建世界一流城市电网，必须转变电网发展方式，建设各级电网协调发展，具有信息化、自动化、互动化特征的坚强智能电网，把电网建设成为网架坚强、安全可靠、绿色低碳、经济高效，具有强大资源配置能力、服务保障能力和抵御风险能力的现代化电网。

1. 经济社会持续发展要求安全可靠城市电网

伴随经济社会发展和用电需求的持续提升，城市电网的供电可靠性和电能质量需求不断提升，停电造成的经济损失和社会影响越来越大，迫切需要进一步加大城市电网升级改造力度，持续提高供电能力和设备运行水平，全面满足未来城市电网的发展需求。

2. 优质供电服务履行要求服务优质城市电网

当前，迅猛发展的互联网以强大的开放性、便捷性和广泛性，全面渗透和影响人们的生活。电力是基础能源，供电服务是公众关注的热点，服务质量和效能决定电网企业的履责水平、价值认同和社会形象。城市电网客户对优质供电服务诉求更为迫切，通过发挥互联网在信息资源中优化和集成的作用，可以促进对电力需求的实时响应、快速反应，为客户提供更

加精准、高效、优质的服务，实现电力用户和电网之间的便捷互动，有效支撑世界一流城市建设。

3. 电力市场深化要求经济高效城市电网

电网公司发展外部环境面临巨大变化，电网将形成多元投资主体，新增配售电公司将倾向于争夺经济发达、回报率高的电网市场。电网发展要求压力日益增大，电网公司面临营业区域缩小、优质客户流失、市场份额降低等风险，对投资管理的质量和效益提出更高要求，迫切需要着力提升电网投资效率和管理水平，化外部压力为内生动力，强化基础、精准投资、精益管理，实现电网安全可靠、经济高效运行，夯实电网及企业可持续发展基础。

4. 能源消费模式转变要求绿色低碳城市电网

清洁发展是解决能源问题的必由之路，也是世界能源的发展方向。伴随着能源生产端分布式清洁能源发电的推广，能源消费端电动汽车、电采暖、储能等多元化负荷的发展，电网也随之发生着深刻的变化，涉及的利益相关方逐渐增多，实现能源资源优化配置尤为重要。世界一流城市建设、终端用能多元化迫切需要融合信息、通信、控制技术，促进"源、网、荷、储"协调发展，提高城市电网对分布式清洁发电消纳和多元化负荷的保障能力和适应性，助力绿色低碳城市建设。

5. 技术发展进步要求智能互动城市电网

伴随大数据、云计算、物联网、移动互联网、人工智能等技术的发展和进步，以能源互联网为核心的第三次工业革命正在飞速发展，配电环节新技术、新材料、新应用不断涌现，电网智能化发展技术基础日益坚实。电网智能化是建设一流电网的切入口，高度融合现代先进技术，实现电力和信息在电网各节点间双向流动，充分发挥电网资源优化配置能力，解决当前供需双向互动的薄弱环节。

根据世界先进城市电网特点和现代化电网特征的高度概括，结合城市发展的特点和要求，世界一流城市电网应具备以下五个维度的核心特征。

（1）安全可靠。坚强的网架和高水平的技术装备，是电能生产和传输的最重要保证。世界一流城市政治、经济地位非常重要，对电力供应高度依赖，在建设世界一流城市电网的过程中必须把"安全可靠"放在首位，以保障对用户的不间断供电。

（2）服务优质。世界一流城市经济增长速度快，负荷密度大；高端用户聚集，用电需求呈多元化，对电力服务质量要求更苛刻。世界一流城市电网必须把提供高质量、多层次、多样化的服务放在重要位置，积极履行社会责任，满足用户用电服务需求，塑造优秀的企业形象。

（3）经济高效。世界一流城市电网关系到地区能源安全和经济发展，既要立足当前，又要着眼长远，在为地区经济社会发展提供坚强电力供应保障的同时，确保资本的保值增值，实现企业健康可持续发展，确保拥有长久的生命力。

（4）绿色低碳。"环境友好、资源节约"是经济社会发展的未来方向。世界一流城市电网要充分发挥资源配置的重要作用，促进清洁能源发展和节能减排，全力支撑世界一流城市建设。

（5）智能互动。未来城市电网不应仅专注于保证安全可靠供电的基本要求，还需要注重提升用户互动水平和增值服务能力，实现电网、电源和用户之间电力流、信息流、业务流的多向互动，在满足用户多样化需求的同时，激励用户主动参与电网调节，提高电网整体运行效率。

上述世界一流城市电网的五大维度特征，蕴含了创建世界一流城市电网的核心要义，符合世界城市电网发展潮流。

 二　发展思路

基于世界一流城市发展现状，积极适应电力市场化改革和能源互联网

发展新要求，紧密贴合世界一流城市电网五个维度的核心特征，找出差距并提出建设目标和工作方向。以"减少停电、降低影响"为主线，网架优化为基础，装备提升为关键，新技术应用为保障，运维管控为抓手，用户服务为导向，提升城市电网供电能力和服务品质，改善电能质量，促进清洁能源消纳，深化用户互动，实现城市电网供电可靠性、客户用电感受全面提升目标。建成"安全可靠、服务优质、经济高效、绿色低碳、智能互动"的世界一流城市电网，供电可靠性、经济运行水平、电能质量、资产利用效率、清洁能源消纳能力、市场竞争力等核心要素指标达到世界先进水平，为城市电网建设发展提供典范。

（1）消除电网风险，保障城市电网运行安全。保证续建项目投资需求，确保项目按期投产，尽早发挥效益。基于完善电网结构、各地区负荷增长需求和现有供电能力，综合考虑电网建设外部环境和项目前期工作进展，合理安排新开工项目和建设计划，促进各年度均衡开工。从安全性角度消除电网风险，重点解决网架结构性安全风险问题和配电网局部供电能力紧张问题，保障城市电网运行安全。采用世界先进供电可靠性统计计算方法，建成基于低压用户的供电可靠性分区统计分析平台和管理系统，逐步实现基于低压用户的分区供电可靠性统计。

（2）保证服务效率和服务质量。加快推进薄弱地区电网基础设施布局，提高电网规划精度，实现合理布点、布线。实现提升客户满意度的目标，同时也为公司其他业务提供完善的用电基础资料和技术支撑。

（3）加强投资的经济效益测算，提高单位投资收益率。随着电力市场化改革深入，多元化主体参与对规划项目的投资效益要求更高，进一步要求电网规划建设更加凸显"精益化"的特点，突出强调电网存量资产及增量资产的管理，规划项目经济效益更加明显。需要建立与完善有效宏观调控机制和市场体制，并通过详细而量化的经济核算来确定电网规划建设方案。从经济性角度提高投资收益率，加强投资的经济效益测算，过网电量较大区域增大投资，过网电量较小区域减少投资，提高单位投资收

益率。

（4）合理引导新能源投资方向，激发市场活力。落实接入标准和典型设计，加快并网工程配套电网建设，促进新能源、分布式电源、灵活接入，高效消纳，实现清洁替代。满足新能源示范城市、示范小镇、光伏示范园区、电动汽车示范城市配套电网建设需求。推动电动汽车、电锅炉等新型用电业务，扩大电能占终端能源消费的比例。大力推进城市充电站建设，满足城市加快发展地区新能源汽车推广应用的城市设施配置要求，建成方便快捷的城市公共快充网络及城市统一的充换电服务车联网平台。探索区域智能充电网、"互联网＋"及物联网有效融合途径，推动充电网络向能源互联、高度智能、深度融合方向发展。

（5）构建友好开放互动服务平台，全面提升电力系统智能化水平。应用移动互联网等先进技术，推广线上服务渠道，丰富用户互动渠道，提高互动用户比例，为用户提供更加优质、更加智能、更加人性化的用电服务。集中开展双向互动智能电能表和双向互动电能计量。以需求侧管理为基础，抓住国家推动能源消费革命与供给侧结构性改革契机，推进综合能源服务，深化应用电能服务管理平台。

三　发展目标

世界一流城市电网总目标是建成结构坚强，具有高度信息化、自动化、互动化水平，适应能源互联网发展以电为中心的能量流、信息流、价值流高度融合需求，适应电力体制改革后输配电价新模式，具备安全可靠、服务优质、经济高效、绿色低碳、智能互动五大特征，在配售电市场具有较强竞争力，主要生产、经营、服务指标位于世界一流水平的城市电网。

基于大量的国内外城市电网资料积累，收集整理相关指标并分析，按照较差、一般、较好、一流分为四个区间，形成世界城市电网主要指标评价区间。指标区间划分结果见表3-1。

表 3-1　　　　　　　　　**世界城市电网主要指标区间**

指标名称	指标区间			
	较差	一般	较好	一流
城市供电可靠率 R（%）	$R<99.98$	$99.98 \leqslant R<99.99$	$99.99 \leqslant R<99.999$	$R \geqslant 99.999$
客户满意度 S（分）	$S<75$	$75 \leqslant S<80$	$81 \leqslant S<85$	$S \geqslant 85$
总资产收益率 A（%）	$A<1.4$	$1.4 \leqslant A<2.5$	$2.5 \leqslant A<3.6$	$A \geqslant 3.6$
清洁能源消纳率 C（%）	$C<80$	$80 \leqslant C<90$	$90 \leqslant C<100$	$C=100$
互动用户比例 I（%）	$I<30$	$30 \leqslant I<50$	$50 \leqslant I<70$	$I \geqslant 70$

1. 供电可靠性指标

世界先进城市电网供电可靠率一般在 99.98% 以上，接近 "4 个 9" 的水平，一流需达到 "5 个 9" 水平。

2. 客户满意度指标

世界主要先进城市和地区的客户满意度为 86～93 分（百分制）。

3. 总资产收益率指标

世界先进城市及地区电力公司总资产收益率指标大多在 2% 以上，一流需达到 3.6%。

4. 清洁能源消纳率指标

世界先进国家及地区清洁能源消纳率基本为 100%。

5. 互动用户比例指标

世界主要先进城市和地区的互动用户比例指标为 50%～70%，一流需达到 70% 及以上。

有针对性地开展电网新建和改造工程，基本建成具备 "安全可靠、服务优质、经济高效、绿色低碳、智能互动" 特征的世界一流城市电网。主要维度目标如下。

（1）安全可靠。采用成熟可靠、技术先进、自动化程度高的配电设备，

建成坚强合理、灵活可靠、标准统一的城市电网结构，供电可靠性显著提升。供电可靠率达到99.999%。

（2）服务优质。城市经济增长速度快，负荷密度大；高端用户聚集，用电需求呈多元化，对电力服务质量要求更苛刻。电网必须把提供高质量、多层次、多样化的服务放在重要位置，积极履行社会责任，满足用户用电服务需求，塑造优秀的企业形象。客户满意度达到85%及以上。

（3）经济高效。建成科学高效的城市电网运营管控体系；加强经济运行管理，减少电能损耗，提高供电质量；贯彻全寿命周期管理理念，提高设备利用效率，实现资源优化配置和资产效率最优。单位资产售电量达到世界先进水平。

（4）绿色低碳。综合应用直流配电网、主动配电网等新技术，大幅提升城市电网接纳分布式电源及多元化负荷的能力，清洁能源消纳率达到100%。服务电动汽车充电设施发展，保障充换电设施无障碍接入。注重节能降耗、节约资源，实现配电网与环境友好协调发展。

（5）智能互动。建成全覆盖的配电自动化系统和配网智能化运维管控平台，提升设备状态管控力和运维管理穿透力，实现配网可观、可控。以配电网为支撑，逐步构建能源互联网，促进能源与信息深度融合，推动能源生产和消费革命。建立智能互动服务体系，满足个性化、多元化用电需求，提高供电服务品质，实现源网荷友好互动。互动用户比例达到70%及以上。

本章小结

（1）具有国际影响力的经济地位和都市圈特征、能源需求较早转向清洁化低碳化以及具备智慧城市的初步形态是世界一流城市所具备的共性特征。经济发达的一流城市也需要足够坚强可靠和经济高效的电网提供支撑

已经成为了建设一流电网的主要驱动力。一流电网是城市发展的必然需求，同时一流电网也推动了城市的向前发展。

（2）对于现代化程度极高的世界一流城市，建立与之匹配的一流电网将能够提供安全、可靠、高质量的供电途径，实现城市电网的低碳环保、经济高效和能源互联，促进城市电网的信息共享，推动更具价值的商业模式生成。对于世界一流城市，建设世界一流电网将会产生多重价值和效益。

（3）世界一流城市具备安全可靠、服务优质、经济高效、绿色低碳和智能互动五个核心特征，是城市电网发展的潮流所向。

（4）世界一流城市电网的总目标是建成结构坚强，具有高度信息化、自动化、互动化水平，适应能源互联网发展以电为中心的能量流、信息流＃价值流高度融合需求，适应电力体制改革后输配电价新模式，具备安全可靠、服务优质、经济高效、绿色低碳、智能互动五大特征，在配售电市场具有较强竞争力，主要生产、经营、服务指标位于世界一流水平的城市电网。

第四章

世界一流城市电网指标体系及关键技术

城市电网的建设不能靠无序的底层探索, 要遵循 "系统化" 的建设理念, 强化顶层设计。 瞄准 "安全可靠、服务优质、 经济高效、 绿色低碳、 智能互动" 五维特征, 收集整理国内外先进城市及地区电网建设情况, 选取典型的电网建设评价指标, 构建世界一流城市电网建设评价指标体系, 从下到上支撑世界一流城市电网建设目标, 并且进一步阐述涉及 "发、 输、 变、 配、 用" 各个环节的关键技术。

第一节 指 标 体 系

选取能够代表城市电网"世界一流水平"的英国、德国、法国等发达国家和地区进行研究，发现这些国家和地区都选择了与供电可靠、经济效率和客户满意度相关的指标作为衡量其建设运营水平的核心指标，只是在具体指标选取侧重方面有所不同。国内较早开展国际对标的单位，如国网浙江省电力公司、国网江苏省电力公司，在争创一流的实践中，也开展了相关指标的收集、总结工作，针对供电可靠性、经营效益、服务质量等方面，提出了对世界一流城市电网关键指标的筛选结果，详见表4-1。

表4-1   **国内外电网评价指标情况**

欧洲能源监管委员会监管指标	英国电力监管机构监管指标
1. 供电连续性：系统平均停电时间（SAIDI） 2. 对个体用户的服务标准类：与单个客户相关的故障恢复时间 3. 电压质量类：相关标准涉及的电压质量指标	1. 业绩激励类：用户停电次数指标（CI） 2. 投资激励类：投资预测准确性和稳定性 3. 运营效率激励类：单位CSV可控运营成本 4. 线损激励类指标：线损电量成本
浙江"世界一流"指标	**江苏"世界一流"指标**
1. 供电可靠性：城市用户年平均停电时间 2. 持续发展：清洁能源接入比例 3. 服务质量：第三方客户满意度 4. 经营效益：资产收益率 5. 资产效益：资产平均寿命	1. 资源配置能力：电力不足概率（LOLP） 2. 可持续发展类：平均停电持续时间指标（SAIDI） 3. 风险抵御能力：客户投诉率 4. 服务保障能力：单位电量变电容量

根据对世界先进城市电网及国内部分地区电网的调研情况分析，结合

世界主要城市电网建设指标特点，为全面细化展现"世界一流城市电网"特征，本书提取供电可靠率、客户满意度、总资产收益率、清洁能源消纳率、用户互动实现比例五维核心指标（见表4-2），构建评价"世界一流城市电网"的指标体系。

表 4-2 核心指标的含义及选取依据

维度	核心指标	含义	权重（参考）	选取依据
安全可靠	供电可靠率	反映城市供电的可靠水平，是一流电网的最重要指标之一	30%	基于 IEEE 和美国可靠性协会 NERC 的标准，供电可靠率是通用的衡量电网可靠性水平的指标
服务优质	客户满意度	反映用户对电力公司的满意程度，是评价服务水平的最重要指标	30%	各国际咨询公司通用的评价服务水平的指标
经济高效	总资产收益率	反映资产与收益之间的关系，是电力公司经营的主要指标之一	20%	国家电网公司同业对标中，最重要的反映资产收益情况的指标
绿色低碳	清洁能源消纳率	反映清洁能源的接入和消纳能力，是评价电网清洁发展的重要指标	10%	各国际咨询公司用来衡量电网可持续发展能力的核心指标
智能互动	用户互动实现比例	反映用户参与电网互动的程度，是体现电网友好性的重要指标	10%	互动性是智能电网建设的重点内容，也是各国未来电网业务发展的目标之一

本节将主要论述"世界一流城市电网"指标体系的主体架构搭建情况，并按照规划设计、运行控制、运维管理、信息支撑、营销服务、财务经营六大电网业务模块，对五维核心指标进行分解分析（见图4-1）。每个核心指标项下建立一个支撑指标体系，支撑指标体系由多个具有不同类别属性的支撑指标构成。最终建立一个由核心指标体系和支撑指标

体系共同构成的，全面、立体、多维度的世界一流城市电网建设指标
体系。

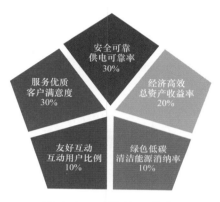

图 4-1　五维核心指标

一　安全可靠

（一）城市供电可靠率指标

坚强可靠的电网网架和高水平的技术装备，是电能安全生产和顺利传
输的最重要保证。现代社会各个行业的发展对电力供应的依赖程度日益提
高，电网的发展水平直接关系到地区能源安全和经济发展速度。安全可靠
的城市电网能为各行各业顺利平稳发展提供充足的电能供应，供电系统的
不稳定会给国民经济和社会发展带来巨大的损失。因此，在建设"世界一
流城市电网"的过程中必须把"安全可靠"放在首位，以保障对各行业用
户可靠、稳定、安全的供电，支撑社会经济发展。

作为国际电力行业应用范围最广的统计指标之一，城市供电可靠率直
观地反映了城市电网的供电能力和供电质量，是电力公司规划、设计、基
建、施工、设备维护、生产运行等方面质量和管理水平的综合体现，是与
"世界一流"水平面对面对话的国际语言，因此采取"城市供电可靠率"这

个关键指标来描述电网的可靠性是合理的。

基于系统平均停电持续时间，供电可靠率定义为在统计期间，对用户有效供电时间总小时数与统计期间总小时数的比值。城市供电可靠率定义为不计及因系统电源不足而限电的情况下，实际供电时间与统计期间全部用电时间的百分数，占世界一流城市电网评价指标体系权重为 300/1000，计算公式为

$$城市供电可靠率 = \left[1 - \frac{\sum_{n=1}^{N(总停电次数)} (单次停电持续时间 \times 单次停电户数)}{总用户数 \times 统计期间时间} \right] \times 100\%$$

(二) 城市供电可靠率支撑指标

安全可靠供电是城市电网服务社会的第一要务和最基本要求，保障安全可靠供电，不仅需要坚强的电网网架和优良的技术装备作为基础硬件条件，还需要高效的运维管理作为保障。

描述供电可靠率的指标有很多，如故障平均停电时间、配电网不停电作业次数、用户报修次数，以及配电自动化系统相关运行指标等。本节对组成供电可靠率的各项相关支撑指标，按规划设计、运行控制、运维管理、信息支撑四大电网业务模块进行分类，对供电可靠率指标进行分解分析，如图 4-2 所示。

四大类支撑指标中，运维管理类支撑指标对城市供电可靠率指标影响最为明显，在供电可靠率指标中占 40%权重；规划设计类指标在供电可靠率指标中权重占比为 30%；信息支撑类指标在供电可靠率指标中权重占比为 20%；运行控制类指标占比为 10%。

1. 运维管理类支撑指标

运维管理类支撑指标中各项支撑指标值，主要以城市电网的维护管理成效为数据基础。该类指标共 11 个支撑指标，分别是用户平均停电次数、故障平均停电时间、城市配网线路故障平均停电时间、状态检修覆盖率、

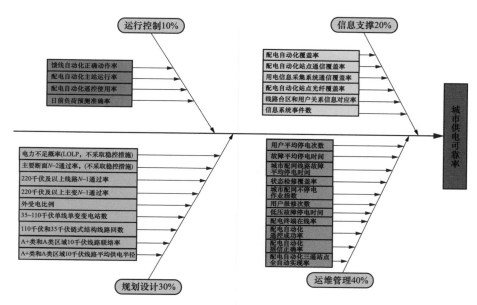

图4-2 城市供电可靠率支撑指标体系

城市配网不停电作业指数、用户报修次数、低压故障停电时间、配电终端在线率、配电自动化遥控成功率、配电自动化遥信正确率、配电自动化三遥站点全自动实现率，见表4-3。

表4-3 运维管理类支撑指标情况

序号	支撑指标	支撑指标公式	权重	单位
1	用户平均停电次数	用户停电总次数/用户总数	10/300	次
2	故障平均停电时间	［∑（每次停电持续时间×每次停电户数）－∑（每次限电停电持续时间×每次限电停电户数）］/总用户数	20/300	分钟/户
3	城市配网线路故障平均停电时间	［∑（每次线路故障停电持续时间×每次线路故障停电户数）］/总用户数	10/300	分钟
4	状态检修覆盖率	实施状态检修的特别重要和重要设备总数/特别重要和重要设备总数×100%	10/300	百分比

序号	支撑指标	支撑指标公式	权重	单位
5	城市配网不停电作业指数	城市配网不停电作业次数/城市配电架空线路百公里年数。 其中：城市配网不停电作业次数＝城市架空配电线路带电作业次数＋城市电缆不停电作业次数	10/300	次/（百公里·年）
6	用户报修次数	用户报修总次数/总用户数	10/300	次/（万户·年）
7	低压故障停电时间	6.6千伏及以下用户的故障停电总时间	10/300	分钟
8	配电终端在线率	（全月日历时间×配电终端总数－配电终端设备停用时间）/（全月日历时间×配电终端总数）×100%	10/300	百分比
9	配电自动化遥控成功率	考核期内遥控成功次数/考核期内遥控次数总和×100%	10/300	百分比
10	配电自动化遥信正确率	考核期内遥控成功动作次数/考核期内遥控动作次数总和×100%	10/300	百分比
11	配电自动化三遥站点全自动实现率	配电自动化具备全自动功能的三遥站点/三遥站点总数×100%	10/300	百分比

2. 信息支撑类支撑指标

信息支撑类支撑指标中各项支撑指标值，主要以城市电网的信息通信专业管理成效为数据基础。该类指标共 6 个支撑指标，分别是配电自动化覆盖率、配电自动化站点通信覆盖率、用电信息采集系统通信覆盖率、配电自动化站点光纤覆盖率、线路台区和用户关系信息对应率、信息系统事件数，见表 4-4。

表 4-4　　　　　　　　信息支撑类支撑指标情况

序号	支撑指标	支撑指标公式	权重	单位
1	配电自动化覆盖率	配电自动化设备总数/设备总数×100%	20/300	百分比
2	配电自动化站点通信覆盖率	具有通信功能的配电自动化站点数/配电自动化站点数×100%	10/300	百分比
3	用电信息采集系统通信覆盖率	具有通信功能的用电信息采集系统数/用电信息采集系统数×100%	5/300	百分比
4	配电自动化站点光纤覆盖率	具备光纤通信功能的配电自动化站点/配电自动化站点数×100%	5/300	百分比
5	线路台区和用户关系信息对应率	信息对应的线路、台区和用户数/线路、台区和用户总数×100%	15/300	百分比
6	信息系统事件数	信息系统事件＝$2N_1+N_2$，N_1：信息系统六级事件；N_2：信息系统七级事件	5/300	次

3. 运行控制类支撑指标

运行控制类支撑指标中各项支撑指标值，主要以城市电网的自动化系统管理成效及负荷预测工作成效为数据基础。该类指标共包括 4 个支撑指标，分别是馈线自动化正确动作率、配电自动化主站运行率、配电自动化遥控使用率、日前负荷预测准确率，见表 4-5。

表 4-5　　　　　　　　运行控制类支撑指标情况

序号	支撑指标	支撑指标公式	权重	单位
1	馈线自动化正确动作率	馈线自动化动作正确次数/（馈线自动化正确动作次数＋馈线自动化拒动＋误动次数）×100%，馈线自动化在故障时推出的故障定位策略正确即可认为馈线自动化正确动作	5/300	百分比

续表

序号	支撑指标	支撑指标公式	权重	单位
2	配电自动化主站运行率	（考核期间内总时间－考核期间内主站退出时间）/考核期间内总时间×100%	10/300	百分比
3	配电自动化遥控使用率	考核期内实际遥控次数/考核期内可遥控操作次数的总和×100%	5/300	百分比
4	日前负荷预测准确率	（统计周期内日历天数－不合格天数）/统计周期内日历天数×100%	10/300	百分比

4. 规划设计类支撑指标

规划设计类支撑指标中各项支撑指标值，主要以城市电网网架规划成效为数据基础。该类指标共包括 9 个支撑指标，分别是电力不足概率（LOLP，不采取稳控措施）、主要断面 $N-2$ 通过率（不采取稳控措施）、220 千伏及以上线路 $N-1$ 通过率、220 千伏及以上主变 $N-1$ 通过率、外受电比例、35～110 千伏单线单变变电站数、110 千伏和 35 千伏链式结构线路回数、A＋类和 A 类区域 10 千伏线路联络率、A＋类和 A 类区域 10 千伏线路平均供电半径，见表 4-6。

表 4-6　　　　　规划设计类支撑指标情况

序号	支撑指标	支撑指标公式	权重	单位
1	电力不足概率（LOLP，不采取稳控措施）	最大负荷出现的概率×系统发电容量小于负荷的概率	10/300	百分比
2	主要断面 $N-2$ 通过率（不采取稳控措施）	满足 $N-2$ 安全准则的主要断面数之和/主要断面数总数×100%	10/300	百分比
3	220 千伏及以上线路 $N-1$ 通过率	220 千伏线路满足 $N-1$ 安全准则的条数之和/线路总条数×100%	10/300	百分比

续表

序号	支撑指标	支撑指标公式	权重	单位
4	220 千伏及以上主变 $N-1$ 通过率	220 千伏主变满足 $N-1$ 安全准则的台数之和/主变总台数×100%	10/300	百分比
5	外受电比例	外受电量/总用电量×100%	10/300	百分比
6	35~110 千伏单线单变变电站数	110 千伏和 35 千伏电网单出线单主变的变电站座数	10/300	座
7	110 千伏和 35 千伏链式结构线路回数	110 千伏和 35 千伏线路中链式结构线路的回路数	10/300	回
8	A+类和 A 类区域 10 千伏线路联络率	A+类、A 类供电区域有联络的 110（35）千伏线路条数/A+类、A 类供电区域线路总条数×100%	10/300	百分比
9	A+类和 A 类区域 10 千伏线路平均供电半径	A+类供电区域 10 千伏线路供电半径之和/10 千伏总线路条数	10/300	公里

 服务优质

（一）客户满意度指标

随着现阶段社会发展日益多样性，用电需求呈现出多元化的趋势，社会各行业对电力服务质量要求更为苛刻。国家电网公司作为一个为全国用户输配电能的国有企业，优质的服务是国家电网公司不断发展的重要保障。因此电网发展必须把提供高质量、多层次、多样化的服务放在重要位置，积极履行社会责任，满足不同用户的用电服务需求。

作为国际咨询公司通用的评价服务水平的指标，客户满意度能够综合反映不同用户群体对电力公司所提供服务的满意程度。通过满意度调查，

可以了解客户的实际需求，以提供与客户需求特性相匹配的差异化服务。该指标将用户需求、用户价值同公司的服务策略有机结合，能够表征电力企业为客户提供的服务是否达到"世界一流"水平。

客户满意度定义为客户期望值与客户体验的匹配程度，占世界一流城市电网评价指标体系权重为 300/1000，国家电网公司在同业对标体系中给出的计算公式为

客户满意度＝∑各支撑指标满意度(百分制)×各支撑指标所占比重

(二) 客户满意度支撑指标

从根本上说，电网是企业，为客户提供服务，因此服务水平决定了客户满意度。客户满意度指标共由 11 个支撑指标构成，按业务类别进行分类，可分为运维管理类支撑指标、运行控制类支撑指标、营销服务类支撑指标三大类支撑指标，如图 4-3 所示。

三大类支撑指标中，营销服务类支撑指标在所有支撑指标中权重占比最大，占比为 60%；运维管理类支撑指标占比为 30%；运行控制类指标占比为 10%。

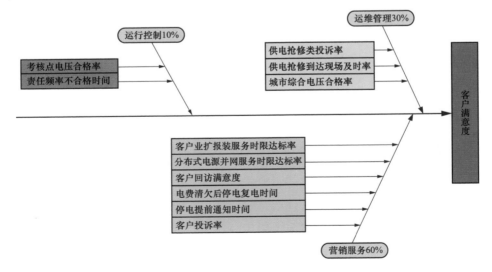

图 4-3 客户满意度支撑指标体系

1. 营销服务类支撑指标

该类指标共包括 6 个支撑指标，分别是客户业扩报装服务时限达标率、分布式电源并网服务时限达标率、客户回访满意度、电费清欠后停电复电时间、停电提前通知时间、客户投诉率。该类支撑指标以营销专业服务用户水平为基本数据来源，反应用户体验情况，支撑客户满意度指标评价，见表 4-7。

表 4-7　　　　　　　营销服务类支撑指标情况

序号	支撑指标	支撑指标公式	权重	单位
1	客户业扩报装服务时限达标率	客户业扩报装时限达标次数/业扩报装总数×100%	40/300	百分比
2	分布式电源并网服务时限达标率	各月(未超时限的当月已归档分布式电源流程数/当月已归档分布式电源流程数数总和×100%)之和/考核期止月份数×100%	20/300	百分比
3	客户回访满意度	(1-评价不满意的工单数/参加评价工单总数)×100%	40/300	百分比
4	电费清欠后停电复电时间	电费清欠后恢复供电的时间	20/300	小时
5	停电提前通知时间	停电提前通知用户的时间	20/300	天
6	客户投诉率	投诉客户数/供电客户总数×100%	40/300	次/万客户

2. 运维管理类支撑指标

该类指标共包括 3 个支撑指标，分别是供电抢修类投诉率、供电抢修到达现场及时率、城市综合电压合格率。该类支撑指标以外部环境发生特殊情况，如外力破坏、覆冰、雷击时，供电网故障的抢修、恢复能力，直观反应用电客户体验情况，支撑用户满意度指标，见表 4-8。

表 4-8 运维管理类支撑指标情况

序号	支撑指标	支撑指标公式	权重	单位
1	供电抢修类投诉率	抢修类投诉数/供电抢修次数×100％	30/300	百分比
2	供电抢修到达现场及时率	及时到达现场的抢修数/供电抢修次数×100％	20/300	百分比
3	城市综合电压合格率	实际运行电压在允许电压偏差范围内累计运行时间/对应的总运行统计时间×100％。其中：监测点电压合格率＝[1－（电压超上限时间＋电压超下限时间）/电压监测总时间]×100％	40/300	百分比

3. 运行控制类支撑指标

该类支撑指标项下共包括 2 个支撑指标，分别是考核点电压合格率、责任频率不合格时间。该类支撑指标以电能质量分析为根本手段，以考核点电压运行数据、电网频率数据为评价依据，量化考核用户用电质量的相关情况，通过对电能质量的分析、管控，支撑用户满意度指标评价，见表 4-9。

表 4-9 运行控制类支撑指标情况

序号	支撑指标	支撑指标公式	权重	单位
1	考核点电压合格率	（总的中枢点电压合格点数/总的中枢点电压监测点数）×100％	20/300	百分比
2	责任频率不合格时间	电网责任频率超出允许范围的时间	10/300	秒

 三 经济高效

（一）总资产收益率指标

电网的发展不仅关系到地区能源安全和经济发展，还关系到企业自身

是否能够长期、健康地经营下去。因此，电网发展既要立足当前，又要着眼长远。城市电网建设，在为地区经济社会发展提供坚强电力供应保障的同时，还要确保电网资本的保值增值，只有在为用户提供可靠优质电能的同时获得相应的利润回报，才能实现企业健康可持续地发展，确保拥有长久的生命力。

提高企业的经济效益，是企业生存和发展的根本要求，良好的经济效益是世界一流城市电网可持续发展的根本保障。作为各行业通用的重要经营类指标，总资产收益率从企业收益、成本支出等不同角度反映企业的总体经营效率和各项经济资源的综合利用效率，是城市电网经济高效特征的集中体现，也是评价电力公司经济效益是否达到世界一流水平的最重要指标。

总资产收益率定义为企业单位资产创造的净利润，占世界一流城市电网评价指标体系权重为 200/1000，计算公式为

$$总资产收益率＝总利润/平均所有者权益×100\%$$

其中：平均所有者权益＝（期初所有者权益合计＋期末所有者权益合计）/2

（二）总资产收益率支撑指标

影响企业经济效益的支撑指标比较复杂，不仅包括财务资产部所负责的净资产收益率、单位电量输配电成本等支撑指标，还涉及规划设计、运维管理等多个专业相关支撑指标情况。按电网业务模块进行分类，总资产收益率指标由五大类支撑指标组成，分别是财务经营类支撑指标、运维管理类支撑指标、规划设计类支撑指标、运行控制类支撑指标、营销服务类支撑指标，如图 4-4 所示。

五大类支撑指标中，财务经营类支撑指标与运维管理类支撑指标在所有支撑指标中权重占比最大，均设置为 30%。营销服务类支撑指标在所有支撑指标中权重占比为 15%，规划设计类指标权重占比为 15%，运行控制类支撑指标占比为 10%，营销服务类支撑指标占比为 15%。

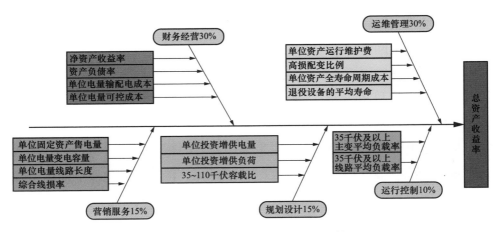

图 4-4　总资产收益率支撑指标体系

1. 财务经营类支撑指标

该类指标共包括 4 个支撑指标，分别是净资产收益率、资产负债率、单位电量输配电成本、单位电量可控成本。该类指标以财务专业资金投入、售电收入、债务数据等为数据来源，量化计算财务类考核指标，客观反映电网企业财务运行健康状况，以支撑总资产收益率指标的评价，见表 4-10。

表 4-10　　　　　财务经营类支撑指标情况

序号	支撑指标	支撑指标公式	权重	单位
1	净资产收益率	净利润/平均所有者权益×100％ 其中：平均所有者权益＝（期初所有者权益合计＋期末所有者权益合计）/2	15/200	百分比
2	资产负债率	负债总额/资产总额×100％	15/200	百分比
3	单位电量输配电成本	输配电成本总额/供电总量	15/200	元/千千瓦时
4	单位电量可控成本	可控成本总额/售电量	15/200	元/千千瓦时

2. 运维管理类支撑指标

该类指标共包括 4 个支撑指标，分别是单位资产运行维护费、高损配

变比例、单位资产全寿命周期成本、退役设备的平均寿命。该类指标以电网正常运行过程中，持续性的投入到电网设备中的资金数据为依据，计算获得电网设备运行损耗情况，并量化为资金数据，以支撑总资产收益率指标评价，见表 4-11。

图 4-11　　　　　　　运维管理类支撑指标情况

序号	支撑指标	支撑指标公式	权重	单位
1	单位资产运行维护费	输配电成本"三费"/平均电网固定资产原值×10000 其中： 输配电成本"三费"＝输配电成本中自营材料费＋输配电成本中外包材料费＋输配电成本中外包检修费＋输配电成本中其他可控运营费用 平均电网固定资产原值＝(期初电网固定资产原值＋期末电网固定资产原值)/2	20/200	元/万元
2	高损配变比例	S7（S8）系列及以下配电变压器/配变总数×100%	10/200	百分比
3	单位资产全寿命周期成本	规划、建设、运行、维护等运营总成本/资产总量	10/200	元/万元
4	退役设备的平均寿命	Σ[当年退役变压器(断路器、GIS 内部断路器)平均寿命的指标得分×指标权重]。 其中，权重分配：变压器 0.5，断路器 0.3，GIS 内部断路器 0.2	20/200	年

3. 规划设计类支撑指标

该类指标共包括 3 个支撑指标，分别是单位投资增供电量、单位投资增供负荷、35～110 千伏容载比。该类指标以电网规划专业、计划专业相关数据为数据来源，从电网投资有效性、经济性角度，计算电网投入产出的相关指标数据，以支撑总资产收益率指标考核评价，见表 4-12。

表 4-12　　　　　　　　　　规划设计类支撑指标情况

序号	支撑指标	支撑指标公式	权重	单位
1	单位投资增供电量	(当年售电量－上年度售电量)/上年电网投资×100% 其中:电网投资是指电网基建投资,不含特高压、东西帮扶等投资。对于有政府参与投资项目,提供有效证明的可以扣除;售电量不含自备电厂电量等	10/200	千千瓦时/万元
2	单位投资增供负荷	(当年统调最大负荷－上年度统调最大负荷)/上年电网投资×100% 其中:电网投资是指电网基建投资,不含特高压、东西帮扶等投资。对于有政府参与投资项目,提供有效证明的可以扣除	10/200	千瓦/万元
3	35~110 千伏容载比	$R_s = \sum S_{ei}/P_{max}$ 其中:S_{ei} 为该电压等级最大负荷日最大负荷(万千瓦);P_{max} 为该电压等级年最大负荷日在役运行的变电总容量	10/200	百分比

4.运行控制类支撑指标

该类支撑指标项下共包括 2 个支撑指标,分别是 35 千伏及以上主变平均负载率、35 千伏及以上线路平均负载率。该类指标以在运电网设备使用率为数据依据,计算提取电网设备负载率,综合评价在运设备运行效率情况,衡量电网投入与负荷需求匹配度,支撑总资产收益率指标的考核评价,见表 4-13。

表 4-13　　　　　　　　　　运行控制类支撑指标情况

序号	支撑指标	支撑指标公式	权重	单位
1	35 千伏及以上主变平均负载率	正常运行的 35 千伏及以上主变数/35 千伏及以上主变总数×100%	10/200	百分比
2	35 千伏及以上线路平均负载率	正常运行的 35 千伏及以上线路条数/35 千伏及以上线路条数×100%	10/200	百分比

5. 营销服务类支撑指标

该类指标共包括 4 个支撑指标，分别是单位固定资产售电量、单位电量变电容量、单位电量线路长度、综合线损率。该类指标以售电量、电量损耗为主要数据切入点，结合财务、运行等专业相关数据，提取售电量、电量损耗与现状电网资产之间的量化关系，从而辅助支撑总资产收益率指标评价，见表 4-14。

表 4-14　　　　　营销服务类支撑指标情况

序号	支撑指标	支撑指标公式	权重	单位
1	单位固定资产售电量	售电量/平均电网固定资产原值×10000 其中：平均电网固定资产原值＝（期初电网固定资产原值＋期末电网固定资产原值）/2	10/200	千千瓦时/万元
2	单位电量变电容量	变电容量之和/售电量	5/200	兆伏安/千瓦时
3	单位电量线路长度	线路长度之和/售电量	5/200	公里/千瓦时
4	综合线损率	110（35）千伏及 10 千伏线路损失负荷/供电负荷×100%	10/200	百分比

（四）绿色低碳

（一）清洁能源消纳率指标

"环境友好、资源节约"是经济社会未来的发展方向，也是我国的重要国策。现阶段国内部分工业生产项目，存在严重污染环境、资源大量浪费的问题，相关行业可持续发展能力较差。国家电网公司作为国有企业的龙头，要充分发挥资源配置的重要作用，促进清洁能源发展和节能减排，全

力支撑社会经济的可持续发展。

创造良好的环境效益、建设绿色环保的电网是世界一流电网的发展趋势。充分有效消纳清洁能源，为全社会提供高效低碳的绿色电能，是智能电网的核心特征之一。清洁能源消纳率通过反映清洁能源的接入和消纳能力，对清洁能源的优化配置能力进行量化，是评价电网清洁低碳发展的重要指标。因此，选取清洁能源消纳率作为绿色低碳维度的核心指标。

清洁能源消纳率定义为系统可以消纳的清洁能源占区域清洁能源总发电量的比重，这里的清洁能源主要包括水力发电、风力发电、太阳能、生物能，占世界一流城市电网评价指标体系权重为 100/1000，计算公式为

清洁能源消纳率＝清洁能源实现消纳电量/清洁能源可用电量×100％

（二）清洁能源消纳率支撑指标

清洁能源消纳率主要由三大方面因素决定，分别是清洁能源发电情况、清洁能源并网情况和清洁能源消纳情况。按电网业务模块进行分类，可分为三大类支撑指标，分别是营销服务类支撑指标、运行控制类支撑指标、规划设计类支撑指标，如图 4-5 所示。

三大类支撑指标中，营销服务类支撑指标在清洁能源消纳率所有支撑指标中的权重占比最大，设置为 55％；运行控制类支撑指标占比为 30％；规划设计类指标权重占比为 15％。

1. 营销服务类支撑指标

该类指标共包括 4 个支撑指标，分别是电能替代电量、分布式电源装机容量、电动汽车充换电站规模、充电桩数量。该类指标以城市电网中狭义的清洁能源的最大发电容量、最大消纳容量情况为数据依据，量化评价在理想情况下，城市电网中清洁能源的最大发电、用电能力，支撑清洁能源消纳率指标评价，见表 4-15。

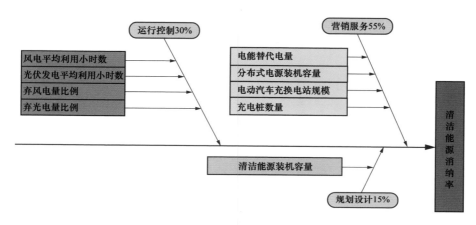

图 4-5　清洁能源消纳率支撑指标体系

表 4-15　　　　　　　　营销服务类支撑指标情况

序号	支撑指标	支撑指标公式	权重	单位
1	电能替代电量	可以被电能替代的能源的等效电量/总用电量×100%	20/100	亿千瓦时
2	分布式电源装机容量	分布式电源总装机容量	15/100	兆瓦
3	电动汽车充换电站规模	电动汽车充换电站的座数	10/100	座
4	充电桩数量	电动汽车充电桩数量	10/100	个

2. 运行控制类支撑指标

该类指标共包括 4 个支撑指标，分别是风电平均利用小时数、光伏发电平均利用小时数、弃风电量比例、弃光电量比例。该类指标以清洁能源实际参与供电情况为数据来源，在营销服务类支撑指标的基础上，提取得出在电网实际运行过程中，清洁能源参与供电情况，支撑清洁能源消纳率评价，见表 4-16。

表 4-16　　　　　　　　　运行控制类支撑指标情况

序号	支撑指标	支撑指标公式	权重	单位
1	风电平均利用小时数	风电参与供电的小时数/供电总小时数×100%	5/100	小时
2	光伏发电平均利用小时数	光伏参与供电的小时数/供电总小时数×100%	5/100	小时
3	弃风电量比例	风电场弃风电量/风电场发电总量×100%	10/100	百分比
4	弃光电量比例	光伏弃光电量/光伏发电总量×100%	10/100	百分比

3. 规划设计类支撑指标

该类指标包括 1 个支撑指标，为清洁能源装机容量。该类指标以广义定义的各类清洁能源装机容量为数据来源，计算核实供电网需要具备的最大清洁能源接纳的能力，与营销服务类支撑指标相互配合，支撑清洁能源消纳率指标评价，见表 4-17。

表 4-17　　　　　　　　　规划设计类支撑指标情况

序号	支撑指标	支撑指标公式	权重	单位
1	清洁能源装机容量	风电、光伏、水电、天然气发电的总装机容量	15/100	兆瓦

五　智能互动

（一）互动用户比例指标

未来城市供电网不应仅仅专注于保证安全可靠供电的基本要求，还需要注重提升用户互动水平和增值服务能力，实现电网、电源和用户之间电

力流、信息流、业务流的多向互动，在满足用户多样化需求的同时，激励用户主动参与电网调节，提高电网整体运行效率。

提升用户互动水平和增值服务能力、不断满足用户多样化需求，是智能电网建设和发展的内在要求，也是世界一流城市电网的未来发展方向。电网与用户的友好互动主要包括两方面，一是用电信息交互，指采用现代通信与信息技术，实现用电及电网信息在供电企业与用户之间即时交换；二是电能的互动，指用户根据各种激励措施，主动调整用电方式，参与电力市场交易。互动用户比例通过反映用户参与电网互动的程度，将智能化互动水平和需求侧响应程度进行量化，是电网智能化水平和用户能效水平的综合体现，是体现电网友好性的重要指标。

互动用户比例定义为通过短信、微信、手机 App、互动网站、微博、拨打 95598 与电网企业进行信息交互的用户比例，占世界一流城市电网评价指标体系权重为 100/1000，计算公式为

$$互动用户比例 = 用户互动实现的用户数 / 总用户数 \times 100\%$$

（二）互动用户比例支撑指标

互动用户比例指标全部由营销服务类支撑指标构成，主要以智能电表为硬件条件，评价电力公司与电能用户之间电费计量、电费缴纳、信息查询等信息交互情况，如图 4-6 所示。

该类指标共包括 7 个支撑指标，分别是智能电表安装规模、参与需求侧响应的用户比例、远程自动抄表核算比例、能够远程交费查询的用户比例、实现能效管理的用户比例、参与电网互动的智能家居比例、负荷率。该类支撑指标以电力公司与用电客户之间的电力流、信息流、业务流交互情况为主要数据依据，考核电力用户互动水平和增值服务质量等相关参数，支撑用户互动比例指标评价，见表 4-18。

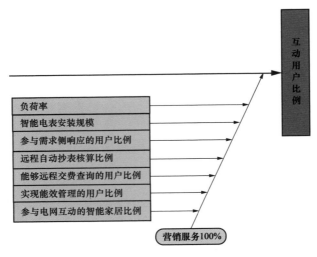

图 4-6　互动用户比例支撑指标体系

表 4-18　　　　　　　规划设计类支撑指标情况

序号	支撑指标	支撑指标公式	权重	单位
1	智能电表安装规模	安装智能电表的用户数/总用户数×100%	20/100	百分比
2	参与需求侧响应的用户比例	参与需求侧的用户/供电用户总数×100%	15/100	百分比
3	远程自动抄表核算比例	远程自动抄表核算用户比率×0.6＋远程自动抄表核算电量比率×0.4 其中： 　远程自动抄表核算用户比率＝考核期内各月（当月实现远程自动抄表核算的户数/本单位实现采集覆盖的当月应抄营业户数×100%）之和/考核起止月份数 　远程自动抄表核算电量比率＝考核期内直供直管各月（远程自动抄表核算电量/本单位当月总售电量×100%）之和/考核起止月份数×0.95＋全资、控股各月（远程自动抄表核算电量/本单位当月总售电量×100%）之和/考核起止月份数×0.05	15/100	百分比

续表

序号	支撑指标	支撑指标公式	权重	单位
4	能够远程交费查询的用户比例	能够远程交费或查询用电信息的用户数/供电用户总数×100%	20/100	百分比
5	实现能效管理的用户比例	实现能效管理的用户/供电用户总数×100%	10/100	百分比
6	参与电网互动的智能家居比例	参与电网互动的智能家居/智能家居户数×100%	10/100	百分比
7	负荷率	年平均负荷/年最大负荷×100%	10/100	百分比

第二节 关 键 技 术

 一 大规模新能源发电及并网技术

（一）基本概念

新能源又称非常规能源，是指传统能源之外的各种能源形式。指刚开始开发利用或正在积极研究、有待推广的能源，包括太阳能、风能、生物质能、水能（主要指小型水电站）、地热能、波浪能、洋流能和潮汐能，以及海洋表面与深层之间的热循环能等。与广泛开发利用的常规能源，如煤炭、石油、天然气、水能等相比，具有储量大、污染小、可循环利用等特征。

与传统能源相比，新能源普遍具有资源丰富，可再生特性，可永续利用特性；具有能量密度低，开发利用需要较大空间的特性；具有不含碳或

含碳量很少的环境友好特性；具有分布广，有利于小规模分散利用的特性；具有间歇性，波动性，不具有供能连续性；具有开发利用成本较传统能源成本较高的特性。这些特性使得新能源具备替代化石能源的良好条件，具备分散性开发的便利条件，随着新能源技术逐渐趋于成熟，经济可行性不断优化，具备广泛应用的潜力和条件。

太阳能一般指太阳光的辐射能量。广义上的太阳能是地球上许多能量的来源，如风能、化学能、水的势能等都是由太阳能导致或转化成的能量形式。利用太阳能的方法主要有：太阳能电池，通过光电转换把太阳光中包含的能量转化为电能；太阳能热水器，利用太阳光的热量加热水，并利用热水供热供暖等。太阳能清洁环保，无任何污染，利用价值高。太阳能主要的直接利用形式为太阳能发电，是将光伏板组件暴露在阳光下便会产生直流电的发电形式，由几乎全部以半导体物料（如硅）制成的薄身固体光伏电池组成。由于没有活动的部分，故可以长时间工作而不会导致任何损耗。简单的光伏电池可为手表及计算机提供能源，较复杂的光伏系统可为房屋照明，并为电网供电。太阳能的开发具有以下优点：太阳光普照大地，没有地域的限制，无论陆地还是海洋，无论高山还是岛屿，处处皆有，都可以直接开发和利用，且无须开采和运输；开发利用太阳能不会污染环境，它是最清洁的能源之一，在环境污染越来越严重的今天，这一点是极其宝贵的；每年到达地球表面上的太阳辐射能约相当于 130 万亿吨煤，其总量属现今世界上可以开发的最大能源；根据目前太阳产生的核能速率估算，氢的储量足够维持上百亿年，而地球的寿命也约为几十亿年，从这个意义上讲，可以说太阳的能量是用之不竭的。但其也有不足：到达地球表面的太阳辐射的总量尽管很大，但是能流密度很低，夏季在天气较为晴朗的情况下，正午时太阳辐射的辐照度最大，而在冬季大致只有一半，阴天一般只有 1/5 左右，这样的能流密度是很低的；由于受到昼夜、季节、地理纬度和海拔高度等自然条件的限制及晴、阴、云、雨等随机因素的影响，到达某一地面的太阳辐照度既是间断的，又是极不稳定的，这给太阳能的

大规模应用增加了难度；目前太阳能利用的发展水平，有些方面在理论上是可行的，技术上也是成熟的，但有的太阳能利用装置，因为效率偏低，成本较高，总的来说，经济性还不能与常规能源竞争。

风能是地球表面大量空气流动所产生的动能。由于地面各处受太阳辐照后气温变化不同和空气中水蒸气的含量不同，因而引起各地气压的差异，在水平方向高压空气向低压地区流动，即形成风。风能资源决定于风能密度和可利用的风能年累积小时数。风能密度是单位迎风面积可获得的风的功率，与风速的三次方和空气密度呈正比关系。风能的开发具有以下优点：①取之不竭，用之不尽，风能是太阳能的一种转化形式，根据有关专家估算，在全球边界层内，风能的总量为 1.3×10^{15} 瓦，一年中约有 1.14×10^{16} 千瓦时的能量，这相当于目前全世界每年所燃烧能量的 3000 倍左右。②就地可取，无须运输。而矿物能源煤炭和石油资源地理分布的不均衡，给交通运输带来了压力。③分布广泛，分散使用。如果将 10 米高处、密度 150~200 瓦/平方米的风能作为有利用价值的风能，则全世界约有 2/3 的地区具有这样有价值的风能。④不污染环境，不破坏生态。化石燃料在使用过程中会释放出大量的有害物质，使人类赖以生存的环境受到破坏和污染，风能在开发利用过程中不会给空气带来污染，也不破坏生态，是一种清洁安全的能源。但风能也具有以下缺点：①能量密度低，空气的密度仅是水的 1/773，因此在风速为 3 米/秒时，其能量密度仅为 0.02 千瓦/平方米，而水流速 3 米/秒时，能量密度为 20 千瓦/平方米；②能量不稳定，风能对天气和气候非常敏感，因此它是一种随机能源。虽然各地区的风能特性在一个较长时间内大致有一定的规律可循，但是其强度每时每刻都在不断的变化之中，不仅年度间有变化，而且在很短的时间内还有无规律的脉动变化，风能的这种不稳定性给使用带来了一定的难度。

生物质是指利用大气、水、土地等通过光合作用而产生的各种有机体，即一切有生命的可以生长的有机物质通称为生物质。它包括植物、动物和微生物。生物质能具有以下优点：可再生性，生物质能属可再生资源，生

物质能由于通过植物的光合作用可以再生，与风能、太阳能等同属可再生能源，资源丰富，可保证能源的永续利用；低污染性，生物质的硫含量、氮含量低、燃烧过程中生成的 SO_x、NO_x 较少；生物质作为燃料时，由于它在生长时需要的二氧化碳相当于它排放的二氧化碳的量，因而对大气的二氧化碳净排放量近似于零，可有效地减轻温室效应；广泛分布性，缺乏煤炭的地域，可充分利用生物质能；总量十分丰富，生物质能是世界第四大能源，仅次于煤炭、石油和天然气。根据生物学家估算，地球陆地每年生产 1000～1250 亿吨生物质，海洋年生产 500 亿吨生物质。生物质能源的年生产量远远超过全世界总能源需求量，相当于目前世界总能耗的 10 倍；广泛应用性，生物质能源可以以沼气、压缩成型固体燃料、气化生产燃气、气化发电、生产燃料酒精、热裂解生产生物柴油等形式存在，应用在国民经济的各个领域。

（二）应用现状

1. 国外发展现状

随着新能源技术的发展，部分新能源已取得长足发展，并在世界各地形成了一定的规模。目前，生物质能、太阳能、风能及水力发电、地热能等的利用技术已经得到了应用。国际能源署（IEA）对 2000—2030 年国际电力的需求进行了研究，研究表明，来自可再生能源的发电总量年平均增长速度将最快。IEA 的研究认为，在未来 30 年内非水利的可再生能源发电将比其他任何燃料的发电都要增长得快，年增长速度近 6%，在 2000—2030 年间其总发电量将增加 5 倍，到 2030 年，它将提供世界总电力的 4.4%，其中生物质能将占其中的 80%。据 IEA 的预测研究，在未来 30 年可再生能源发电的成本将大幅度下降，从而增加它的竞争力。可再生能源利用的成本与多种因素有关，因而成本预测的结果具有一定的不确定性。但这些预测结果表明了可再生能源利用技术成本将呈现不断下降的趋势。

全球范围内不同地域发展也各不相同，新能源分散开发利用技术在美

国、日本、欧洲发展较快，分布式发电已在电力市场中占相当比重。在欧洲一些开发利用新能源比较早的发达国家中，风电和太阳能发电均采用了分散开发、就地供电模式。如丹麦，风电机组高度分散化，接入20千伏或更低电压配电网的风电装机容量约占全国风电装机容量的86.7%。西班牙风电也采用比较分散的开发模式，单个风电项目规模都不大，风电电量占到全部电量的16%。美国从20世纪20年代开始开发小型分布式风力发电项目，并在技术水平、设备制造及市场份额等方面均处于世界领先水平。德国光伏发电容量至2017年底已达到4170万千瓦，超过我国三峡水电站装机规模，基本都分散地建在用电户屋顶。日本光伏分布式发电不仅用于公用设施，同时也开展了居民住宅屋顶光伏发电应用示范项目工程。目前，丹麦、瑞典、芬兰、德国等国家都实现了产业化应用生物质能发电。冰岛、美国等许多国家都有地热水供热系统，世界上有20多个国家建设了地热发电站。欧美等国地区也是开发利用海洋能较早、技术较成熟的国家。世界生物质发电起源于20世纪70年代，当时，世界性的石油危机爆发后，丹麦开始积极开发清洁的可再生能源，大力推行秸秆等生物质发电。自1990年以来，生物质发电在欧美许多国家开始大发展，特别是2002年约翰内斯堡可持续发展世界峰会以来，生物质能的开发利用正在全球加快推进。

2. 国内发展现状

在中国可以形成产业的新能源主要包括水能（主要指小型水电站）、风能、生物质能、太阳能、地热能等，是可循环利用的清洁能源。新能源产业的发展既是整个能源供应系统的有效补充手段，也是环境治理和生态保护的重要措施，是满足人类社会可持续发展需要的最终能源选择。

我国积极推动新能源发展，"十二五"末，新能源累计装机容量达到171.48吉瓦，居世界第一位。2017年上半年，全国新增光伏发电装机容量2440万千瓦，同比增长9%，其中，光伏电站1729万千瓦，同比减少

16%；分布式光伏 711 万千瓦，同比增长 2.9 倍。6 月份新增光伏发电装机容量达 1315 万千瓦，同比增长 16%，其中，光伏电站 1007 万千瓦，同比减少 8%；分布式光伏 308 万千瓦，同比增长 8 倍。截至 6 月底，全国光伏发电装机容量达到 10182 万千瓦，其中，光伏电站 8439 万千瓦，分布式光伏 1743 万千瓦。上半年，全国光伏发电量 518 亿千瓦时，同比增加 75%。全国弃光电量 37 亿千瓦时，弃光率同比下降 4.5%，弃光主要发生在新疆和甘肃，其中，新疆（含兵团）弃光电量 17 亿千瓦时，弃光率 26%，同比下降 6%；甘肃省弃光电量 9.7 亿千瓦时，弃光率 22%，同比下降近 10%。从新增装机分布来看，由西北地区向中东部地区转移的趋势更加明显。华东地区新增装机 825 万千瓦，同比增加 1.5 倍，占全国的 34%，其中浙江、江苏和安徽三省新增装机均超过 200 万千瓦。华中地区新增装机 423 万千瓦，同比增加 37%，占全国的 17.3%。西北地区新增装机 416 万千瓦，同比下降 50%。分布式光伏发电装机容量发展继续提速，主要集中于浙江、山东、安徽三省，新增装机均超过 100 万千瓦，同比增长均在 2 倍以上，三省分布式光伏新增装机占全国的 54.2%。

2016 年，全国风电保持健康发展势头，全年新增风电装机 1930 万千瓦，累计并网装机容量达到 1.49 亿千瓦，占全部发电装机容量的 9%，风电发电量 2410 亿千瓦时，占全部发电量的 4%。2016 年，全国风电平均利用小时数 1742 小时，同比增加 14 小时，全年弃风电量 497 亿千瓦时。2016 年，全国新增并网容量较多的地区是云南（325 万千瓦）、河北（166 万千瓦）、江苏（149 万千瓦）、内蒙古（132 万千瓦）和宁夏（120 万千瓦），风电平均利用小时数较高的地区是福建（2503 小时）、广西（2365 小时）、四川（2247 小时）和云南（2223 小时）。2016 年，全国弃风较为严重的地区是甘肃（弃风率 43%、弃风电量 104 亿千瓦时）、新疆（弃风率 38%、弃风电量 137 亿千瓦时）、吉林（弃风率 30%、弃风电量 29 亿千瓦时）、内蒙古（弃风率 21%、弃风电量 124 亿千瓦时）。

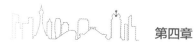

中国生物质发电平稳增长，截至 2015 年底，我国生物质发电累计装机容量 1060 千瓦，同比增长 17%，主要集中在"三华"地区，华东、华北、华中并网容量分别为 339 万、271 万、204 万千瓦，合计占全国生物质发电总装机容量的 77%。

地热发电和海洋能发电进展缓慢，属于试验示范阶段。2015 年，我国无新增并网地热电站，目前装机规模最大的地热发电项目是西藏羊八井电站。我国目前共有潮汐发电站 9 座，总装机容量 6500 千瓦。

（三）关键技术

1. 新能源发电技术

（1）风力发电技术。水平轴风电机组，因为具有风能转换效率高、转轴较短，在大型风电机组上更凸显了其经济性等优点，使它成为世界风电发展的主流机型，并占有 95% 以上的市场份额。同期发展的垂直轴风电机组，因为转轴过长、风能转换效率不高，启动、停机和变桨困难等问题，目前市场份额很小、应用数量有限，但由于它的全风向对风和变速装置及发电机可以置于风轮下方（或地面）等优点，近年来，国际上的相关研究和开发也在不断进行并取得了一定进展。

风电机组单机容量持续增大，利用效率不断提高。近年来，世界风电市场上风电机组的主流机型已经从 2000 年的 500～1000 千瓦增加到 2004 年的 2～3 兆瓦，目前世界上运行的最大风电机组单机容量为 5 兆瓦，并已开始 10 兆瓦级风机的设计与研发。

海上风电技术成为发展方向。目前建设海上风电场的造价是陆地风电场的 1.7～2 倍，而发电量则是路上风电场的 1.4 倍，所以其经济性仍不如陆地风电场，随着技术的不断发展，海上风电的成本会不断降低，其经济性也会逐渐凸显。

变桨变速、功率调节技术得到广泛应用。由于变桨距功率调节方式具有载荷控制平稳、安全和高效等优点，近年来在大型风电机组上得到了广

泛应用。

直驱式、全功率变流技术得到迅速发展。无齿轮箱的直取方式能有效地减少由于齿轮箱问题而造成的机组故障，可有效提高系统的运行可靠性和寿命，减少维护成本，因而得到了市场的青睐，市场份额不断扩大。

新型垂直轴风力发电机。它采取了完全不同的设计理念，并采用了新型结构和材料，达到微风启动、无噪声、抗12级及以上台风、不受风向影响等优良性能，可以大量用于别墅、多层及高层建筑、路灯等中小型应用场合。以它为主建立的风光互补发电系统，具有电力输出稳定、经济性高、对环境影响小等优点，也能够解决太阳能发电对电网的冲击等影响。

随着我国风电设备技术不断进步、性价比不断提高，适合低风速地区的风机发展很快。我国60%以上风能资源区属于低风速地区，低风速风机技术将是我国风电产业发展的重要方向。此外，无叶片风机也是一个新的发展方向。过去山区、丘陵地带设备运输困难，分段桨叶技术的发展使该问题得到解决。以上这些都为全国各地分散开发建设风电提供了有利条件。

（2）太阳能发电技术。太阳能光伏、光热发电技术。太阳能光伏发电的关键部件是光伏电池。太阳能光伏电池板利用半导体材料的"光生伏打"效应，将太阳光辐射能直接转换为电能。光伏发电系统大量使用的是以硅为基底的硅太阳电池，它可分为单晶硅太阳电池、多晶硅太阳电池和非晶硅太阳电池三种。单晶硅和多晶硅太阳电池目前在工业生产和民用领域占据主导地位。旋转太阳能发电和球形太阳能发电等新型发电技术不断涌现。太阳能热发电利用集热器将太阳能聚集起来，加热水产生蒸汽，推动涡轮发电机发电。太阳能热发电系统可以分为塔式、烟囱、槽式、碟式等，其中槽式技术目前占主流。

（3）生物质能发电技术。生物质直接燃烧发电是把生物质原料送入适

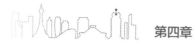

合生物质燃烧的特定锅炉中直接燃烧，产生蒸汽，带动蒸汽轮机及发电机发电。已开发应用的生物质锅炉种类较多。如木材锅炉、甘蔗渣锅炉、稻壳锅炉、秸秆锅炉等。其适用于生物质资源比较集中的区域，如谷米加工厂、木料加工厂等附近。因为只要工厂正常生产，谷壳、锯屑和柴枝等就可源源不断地为生物质发电提供物料保障。

生物化学生产可燃气体主要指细菌将原料（有机废物）分解为淀粉和纤维素都等有机大分子，然后将它们直接转化为脂肪酸（乙酸等），紧接着甲烷化细菌开始起作用进行厌氧消化法生产沼气。热化学法就是将温度加热到 600℃ 以上，在缺氧的条件下对有机质进行"干馏"这类热解产物与以煤热解产物十分相似，固体产物为焦炭类似物，气体产物为"炉煤气"类似物。

沼气发电是随着沼气综合利用的不断发展而出现的一项沼气利用技术，它利用厌氧发酵技术，将屠宰厂或其他有机废水及养殖场的畜禽粪便进行发酵，生产沼气，供给内燃机或燃气轮机，带动发电机发电，也有的供给蒸汽锅炉产生蒸汽，带动蒸汽轮机发电。它具有较高的热值，抗爆性能较好、燃烧清洁，可利用来进行取暖、炊事、照明、发电等。

2. 并网技术支撑

（1）特高压及柔性直流输电技术。特高压电网是电力工业科学发展的内在要求，是大型电源基地集约化开发和电力安全、高效、经济外送与顺利消纳的有力保障，尤其以输送清洁能源为主的特高压线路建设，能够实现各区域电源特性的优势互补，提高系统对新能源发电基地发电量的消纳能力，实现新能源大容量、远距离输送，能够接纳随机性、间歇性的集中新能源和分布式新能源，有效支撑风能、太阳能的大规模开发利用。能够实现将风能、太阳能、海洋能等大规模新能源输送到各类用户，打造服务范围广、配置能力强、安全可靠性高、绿色低碳的新能源配置平台。

柔性直流输电是目前解决间歇性新能源并网的有效技术手段之一，该

技术基于全控型电力电子器件构成的电压源换流器实现。多端柔性直流输电及直流电网是柔性直流输电技术的进一步发展。

（2）先进储能技术。以电储能为主要代表的储能技术具备双向功率调节能力和灵活调节特性，可以显著提高城市电网对分散新能源的接纳能力。在目前的各种储能技术中，抽水蓄能、压缩空气储能和锂离子电池等具有较大的发展潜力。如果大容量储能技术能够取得突破，就能够有效解决间歇性新能源发电出力波动的平抑问题；而且，在系统扰动时，储能装置可以作为电网的热备用，瞬时吸收或释放能量，使系统中的调节装置有时间进行调整，避免系统失稳。

（3）新能源接口技术。城市电网具有典型的信息系统和物理系统深度融合的特征，能够利用信息系统的网络化云空间实现对物理系统的广域协调控制。仅进行物理接入的分布式新能源尚为一个孤立的物理实体，分布式新能源接入城市电网，不仅是能量的底层注入，更承担着联系基层分布式源荷储，参与广域信息物理关联，进而参与更大范围调控的功能。为实现这种功能，必须使分布式新能源及分布式源荷储通过具有信息物理融合特性的接口设备接入城市供电。

未来城市电网的接口设备应该是基于电力电子和信息技术的新型全可控设备，除了传统的变压功能，应该还具有变流、交直流混合配电、电能质量控制、分布式电源、储能、电动汽车、负荷接入等综合功能。整个能源互联网由该接口设备统一进行并网功能管理，统一能量管理，方便解决网络中分布式电源统一通用接入、一体化控制和高效管理，故障和扰动完全与上层网络隔离。

（4）非电利用技术。太阳能光热转换的基本原理是将太阳辐射能收集起来，通过与物质的相互作用转换成热能并运用其能量产生热水、蒸气加以利用。目前使用最多的太阳能收集装置有平板型集热器、真空管集热器和聚光集热器 3 种。通常根据所能达到的温度和用途的不同，把太阳能光热应用分为低温应用（<80℃）、中温应用（80~250℃）和高温应用

（＞250℃）。太阳能热利用就是很好的非电化开发形式，目前在国内推广应用范围也很广阔。目前低温应用主要有太阳能热水器，常见的家庭用太阳能热水器便是其例，太阳能热水器最常见的是真空管热水器和平板型集热器；高温应用主要有太阳能光热发电等；中温应用主要有太阳能干燥器、太阳能蒸馏器、太阳房、太阳能温室、太阳能空调制冷系统等。

热泵技术是一种新型的节能环保技术，通过热量和冷量的转移来实现供热取暖和制冷的作用，相比传统的供热技术不仅有着节能环保的优势，同时在供热的效率和质量上也有着更好的表现效果。地源热泵、空气源热泵和太阳能热泵等是将热泵技术和新能源技术相结合的产物。太阳能热泵采暖系统突出的优点就是通过极少量的电能获得数倍于电能的热量，能够有效利用低温热源。与地源热泵、空气源热泵耦合使用能够有效克服太阳能间歇性问题。

（四）支撑作用

以新能源逐步替代传统化石能源，实现清洁能源在一次能源生产和消费中占更大份额，建立可持续发展的能源供应系统，是我国能源革命的主要目标。新能源的开发利用从源头上有效化解了化石能源资源紧缺矛盾，保障了世界一流城市日益增长的能源需求。新能源的开发，可减少碳排放及有害气体排放，能够实现世界一流城市发展与环境保护的协同促进。

新能源开发利用可以优化能源结构、实现多能源融合，利用风能、太阳能等新能源，因地制宜发展分布式供能，是实现新能源开发的有效途径。其中分布式新能源是世界一流城市电网的底层终端，利用区域内光电转换、光热转换、风电转换、地热能转换等方式，为区域提供电能、制冷和热能，实现多种可再生能源互补利用和优化匹配，最终达到城市能源结构由高碳转向低碳，能源利用由粗放转向集约。

 二 智能变电站技术

（一）基本概念

智能变电站是指采用先进、可靠、集成、低碳、环保的智能设备，以全站信息数字化、通信平台网络化、信息共享标准化为基本要求，自动完成信息采集、测量、控制、保护、计量和监测等基本功能，并可根据需要支持电网实时自动控制、智能调节、在线分析决策、协同互动等高级功能的变电站。

智能一次设备是具有自动测量、自动控制、自动调节、自动状态监测、预警及通信功能的变电站高压电气设备。作为智能变电站的关键技术，智能一次设备是智能化特征的突出体现，也是智能变电站在数字化变电站基础上的重要突破和显著进步。

智能二次设备是存在于站控层、间隔层和过程层组成的二次系统之中，实现对一次设备的测量和控制的电气设备，主要包括合并单元、智能终端、保护装置、测控装置、故障录波器等装置。二次设备通常拥有强大的自检功能，自检功能是二次设备对其自身的某些状态、功能进行检测后，自动生成的信息，是装置模型文件中已经存在的一类数据。自检信息非常丰富，可以表征设备的健康状况。

（二）应用现状

就对国外而言，在提出了智能电网的建设目标——"灵活、清洁、安全、经济、友好"之后，欧美国家分别根据各自的国情，确定了不同的发展方案，依托科研项目、示范工程和平台项目，展开智能化设备的技术研究和实际应用。对智能变电站提出了如下技术发展方向：变电站内部数据的便捷交互（状态监测、设备自检、远程调试和远程整定）、

新的系统功能（同步向量、自动运行、分布式状态估计）、状态监测及评估、改进的变电站站间闭锁功能、系统和保护的即插即用、广域保护和监测、约束管理、柔性应用和简单的调试流程等。但是，国外的电网公司由于更多的是商业化运作，因此，在经济高效的驱动力推动下，其发展智能变电站所获得的最直接的效益就是总成本的降低、设备功能的集成及服务质量的提升，最后才是电网的可靠性、新能源的便捷接入和减少占地面积。

国内对于变电站自动化技术研究较早，已实现了间隔层和站控层的数字化，并得到了广泛应用。但是变电站自动化多套系统共存、信息共享困难、设备间互操作性差、系统可扩展性差、系统可靠性受二次电缆影响、场站设计复杂等多方面问题仍然存在，严重制约了变电站运行的可靠性和经济性的提升。随着变电站技术的发展，数字化变电站和智能变电站概念逐渐被提出，智能变电站技术体系、智能一次设备结构体系等总体技术研究，IEC 61850工程深化应用、数字化变电站和主站共享建模技术、智能变电站信息模型与交换模型等信息化标准化技术研究，变压器综合智能组件、智能断路器、变压器电抗器等设备智能化技术研究，使得智能变电站在核心技术、关键设备、标准制定等方面取得了一定的成就。智能变电站关键设备——电子式互感器的设计和制造技术不断成熟，并在一定范围内得到了应用。

（三）关键技术

1. 智能一次设备关键技术

一次设备智能化是智能变电站的重要特征，也是智能变电站区别于常规变电站的主要标志之一。在实际运行中，智能变压器除了与站内母线相连之外，还与控制系统依靠通信光纤相连，当运行方式发生改变时，设备根据系统的电压和功率情况来决定分接头的调节情况，在设备的自身状况出现问题，则发出预警并提供状态参数等；智能断路器可以对分合闸相角

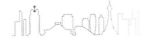

进行控制，实现断路器选相合闸和同步分断，有效克服合闸过程中出现的涌流和过电压；电子式互感器因其绝缘简单、无饱和、安全性好成为取代传统电磁互感器的必然选择，罗氏线圈电子电流互感器和光纤缠绕式电子电流互感器是目前主流的两种电子式互感器。

2. 智能二次设备关键技术

（1）全站网络架构及信息处理技术。采用直采直跳和网络相结合的网络架构。一方面保护功能实现直采直跳并不依赖于外部对时系统，强调了继电保护的独立性，并保证了安全可靠性；另一方面兼顾到网络的信息共享，测控、录波器、网络分析和记录仪采用网络方式进行数据交换，实现基于保护独立和信息共享的全站网络架构及信息处理。如图 4-7 所示为某智能变电站网络结构。

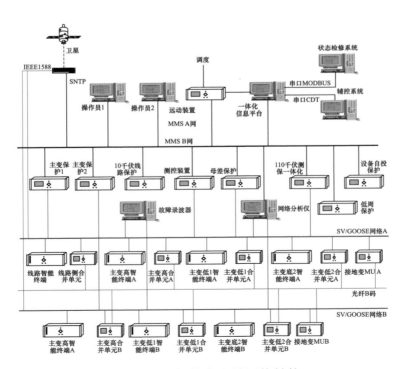

图 4-7　某智能变电站网络结构

（2）对时技术。时钟同步为电力系统中事件顺序记录、故障录波，以及事后数据分析等方面提供精确的实时数据，不仅能够实现相量测量、故障快速定位，更能给变电站控制中心提供准确的操作判据。全站综合采用三种不同的对时方式，分别为光纤 B 码、IEEE 1588 和 SNTP。站控层设备及低压测保一体化装置采用 SNTP 网络对时；合并单元采用技术成熟的光纤 B 码对时，确保系统运行的可靠性；智能终端、组屏保护/测控装置、录波器、网络记录仪和网络分析仪采用 IEEE 1588 对时。

（3）分布式电源接入保护技术。分布式电源接入后，会造成配网潮流双向流动和电源功率波动等不利影响，从而引起原有保护误动、拒动和重合闸失败等问题。针对上级线路、相邻线路、本线路、分支线路故障 4 种不同的故障地点，对原有 10 千伏馈线保护加装方向元件，以避免保护越级误动，扩大停电范围；上级线路保护、主变压器保护均需要对分布式电源并网馈线联跳，以防止分布式电源带电网负荷孤岛运行。也可以采用基于广域网通信的配网保护方案实现对电源并网线路建立快速保护。

3. 标准化通信信息平台关键技术

（1）信息集成方法与应用。传统的变电站自动化系统（SAS）根据业务范围的不同，在站控层划分为后台监控系统、远动主机、故障信息子站、五防主机等不同的子系统，这些子系统之间是相互独立的，难以实现数据和信息的资源共享。

相比于传统的变电站自动化系统，一体化信息平台可以方便地访问到更多的数据，可以实现更为智能化的各种高级应用，包括一体化五防、顺序控制、源端维护、一体化故障信息子站、故障信息综合分析决策、智能报警等，如图 4-8 所示。这些高级应用功能体现了智能电网"信息化、自动化、互动化"的特征，是智能变电站的重要特色。

由于一体化信息平台承载了很多实时调度的功能，因此将一体化信息平台设置于安全Ⅰ区，但其集成的很多系统分别处于安全Ⅱ区、Ⅲ区和Ⅳ区，如何将不同安全分区的信息集成到一体化信息平台中是需要解决的重

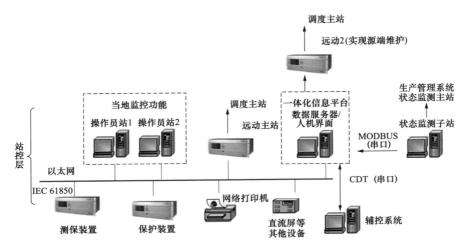

图 4-8   一体化信息平台的系统结构

要问题。通过防火墙将Ⅱ区的信息接入一体化信息平台，通过串口通信的方式将Ⅲ区和Ⅳ区的信息接入一体化信息平台，实现了不同安全分区之间的信息隔离，保证了信息安全。

（2）设备状态监测系统集成与应用，首次实现了基于 J2EE 架构模式、跨平台运行的分布式状态监测技术的集成和应用。通过在变电站站控层设置设备状态监测子站，采用 J2EE 架构模式，实现全站设备状态监测信息的集成。设备状态监测系统分为三层，分别是过程层、间隔层和站控层，如图 4-9 所示。

过程层：包括一次设备状态在线监测的传感器及采集监测单元（变压器油色谱、环境温度，GIS 局放、微水密度，避雷器泄露电流、动作次数，电缆光纤测温，等等），全站总共设置了 90 个监测点。

间隔层：将过程层的设备状态在线监测单元按照原理相近的原则集成到几个主 IED 中，分别是电缆测温主 IED、主变压器油色谱监测主 IED、主变压器环境温度监测主 IED、GIS 局放监测主 IED、GIS 微水密度监测主 IED、避雷器监测主 IED。

站控层：设置设备状态监测子站，采用 J2EE 架构模式，通过 IEC

61850 标准实现全站设备监测信息的集成。针对各种设备状态信息的展示、预警、分析、诊断、评估和预测，集中为其他相关系统提供状态监测数据，实现设备状态的全面监测和状态运行管理。

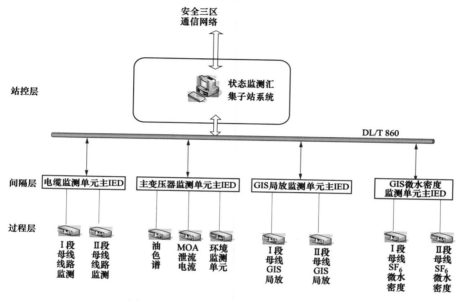

图 4-9 设备状态监测系统结构图

设备状态监测子站以传感器信息融合技术、微电子技术、计算机技术及故障诊断技术为基础，在线完成对设备状态信息的采集；依据实时状态信息，采用综合故障诊断模型，结合设备的结构特性和参数、运行历史状态记录及环境因素，对设备的工作状态和剩余寿命做出评估；并对已经发生、正在发生或可能发生的故障进行分析、判断和预报，提出控制故障发展和消除故障的有效对策，达到避免事故发生，保证设备可靠、安全的运行及全寿命周期的管理。

（四）支撑作用

电网的建设与运行需要智能化技术的支撑。与传统的变电站相比，智能变电站实现了全站信息的数字化、通信平台的网络化、信息共享的标准

化及高级应用的互动化。全站信息的数字化实现了一次、二次设备的灵活控制和信息的就地数字化，通过一次设备配置智能终端，实现设备本体信息就地采集与控制命令的就地执行；通信平台的网络化实现了全站信息的网络化传输，根据实际需要灵活选择网络拓扑结构、通过过程层网络同时发送至测控、保护、故障录波及相角测量等装置进而实现数据共享；信息共享的标准化实现了全站信息的统一存放、统一检索，避免了不同功能应用时对相同信息的重复建设。

高级应用的互动化建立了变电站内全景数据的信息一体化系统，供各子系统统一数据标准化规范化存取访问及调度等其他系统进行标准化交互，满足变电站的集约化管理、顺序控制等要求，并可与相邻变电站、电源、用户协同互动，从而支撑一流电网的安全、稳定和经济运行。

三　高级配电自动化技术

（一）基本概念

配电自动化建设包括现状配电网的自动化改造及增量配电网的配电自动化建设。配电自动化是以一次网架和设备为基础，运用计算机、信息与通信等技术，实现对配电网的实时监视与运行控制，为配电管理系统提供实时数据支撑。具备配电自动化功能的配电网通过快速故障处理，提高供电可靠性，还可以通过优化运行方式，改善供电质量，提升电网运营效率和效益。

配电自动化系统主要由配电主站、配电终端和通信网络组成。通过采集中低压配电网设备运行实时、准实时数据，贯通高压配电网和低压配电网的电气连接拓扑，融合配电网相关系统业务信息，支持配电网的调度运行、故障抢修、生产指挥、设备检修、规划设计等业务的精益化管理。

配电自动化系统主站系统是配电自动化系统的核心部分，主要实现配电网数据采集与监控等基本功能和电网拓扑分析应用等扩展功能，并具有与其

他应用信息系统进行信息交互的功能，为配电网调度指挥和生产管理提供技术支撑。配电自动化终端是安装在配电网的各种远方监测、控制单元的总称，具备数据采集、控制、通信等功能，包括"三遥"终端（遥测、遥控、遥信）和"二遥"终端（遥测、遥信）。按照功能配置的不同，"二遥"终端又可以分为基本型、标准型和动作型。基本型"二遥"终端，用于采集或接收由故障指示器发出的线路故障信息，并具备故障报警信息上传功能。标准型"二遥"终端，用于配电线路遥测、遥信及故障信息的监测，实现本地报警，并具备报警信息上传功能。动作型"二遥"终端，用于配电线路遥测、遥信及故障信息的监测，并能实现就地故障自动隔离与动作信息主动上传。

通信是配电自动化的基础，没有通信就没有配电自动化。配电通信网的建设是配电自动化建设的重要组成部分。结合配电网建设和改造的特点，配电通信网建设也遵循差异化、灵活化的建设理念。对于新建区域，通信网建设和电网建设在规划、设计、施工、投运、验收等阶段同步开展，主要按照光纤通信方式配置；对于建成区域配电通信网建设，由于受到各方面制约，应采用灵活多变、先易后难、先普及后升级的建设方针，首先实现站点通信功能，后续有条件的继续提升通信能力和质量，结合切改、重建等机会敷设专用光缆。

（二）应用现状

国外配电自动化发展的比较早，技术比较成熟，且配电自动化设备覆盖率较高。东京和新加坡的配电自动化覆盖率均已达到100%，巴黎的配电自动化覆盖率已达到90%。世界一流城市配电自动化建设的目的以提高供电可靠性为主，"三遥"水平的馈线自动化较为发达，覆盖率较高，可实现故障段自动隔离，非故障段自动恢复供电。巴黎采用遥信与就地检测相结合的方式，实现对故障的准确定位，缩小故障隔离范围。新加坡电网中压馈线采用纵差保护实现了配电线路故障的快速切除和非故障区域用户的不停电，并通过配电自动化系统实现配电网电能质量实时监测和故障预警。

东京配电自动化方案主要采用了一种分布与集中混合的方式，故障的定位采取分布式，依靠断路器和开关的配合在本地自动完成故障的定位和部分线路的恢复供电，然后主站根据故障定位结果，采用遥控方式自动恢复其他部分的供电。

近年来，国内的配电自动化主站和配电终端单元建设已经取得了长足的进展，能够满足配电网安全监控的基本需要。国内主要城市均建有配电自动化主站。2009年开始，国家电网公司开始全面建设智能电网，第一批在北京、杭州、厦门、银川为试点启动配电自动化建设。随后逐步扩大了配电自动化的覆盖范围，建设了一定数量的配电终端，但尚未实现全面覆盖，规模化效益未能充分体现，配电信息尚未实现完全融合与共享。配电自动化系统对配电网规划设计、调度运行、抢修指挥、运维管理等业务起到了一定的支持作用，但配电自动化应用深度仍有待挖掘。部分城市目前仅在核心供电区域及部分村镇试点区域实现了配电自动化覆盖，且部分地区仍处于试运行阶段，整体上配电自动化覆盖率不高；尚未实现配电设备运行全面监控，配电自动化系统对配电网故障处理、配电网优化运行等方面的支持有限，配电自动化作为整个配电网运行监控平台的整体效益和规模效益尚未充分体现。

（三）关键技术

1. 基于营配信息整合的智能配网互动化应用技术

生产与营销数据是以用户接户点为分界点，生产侧重网络拓扑、营销侧重用电管理，各自维护其专业数据。生产系统构建的中低压配电网络与营销构建的用电信息相结合，形成一张完整的配电网络。配电自动化系统采集的中低压配电网运行方式与营销系统采集的用电信息相结合，形成一体化的配电网运行方式。通过信息交换总线，将两部分信息进行有效的耦合，形成配电自动化系统与电网GIS平台、生产管理系统、营销管理系统及客服支持系统间的业务互动，通过配电自动化系统为生产部门提供全方位的应用支撑。各应用系统数据流如图4-10所示。

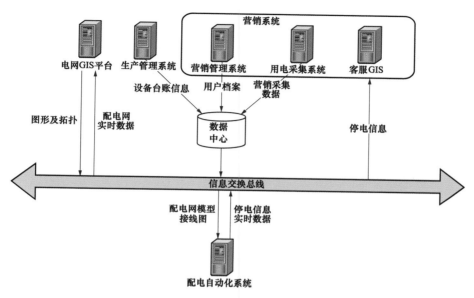

图 4-10　各应用系统数据流

2. 配电网在线安全分析与智能自愈技术

研究对故障信息漏报、误报和错报具有容错能力的配电网故障定位方法，以及能够适应非确定性故障定位和开关拒动情况的自适应故障恢复方法，研发配电网集中智能故障自愈控制应用软件。提出紧急情况下配电网大面积断电快速恢复策略自动生成方法，提出大批量负荷转移的安全操作步骤自动生成方法，研发配电网大面积断电快速恢复应用软件。对于建设具有自愈特征的智能配电网进行探索。

3. 含分布式电源的配电网能量优化调度协调控制技术

研究分布式电源大量并入的配电网协调控制运行技术，提出含分布式电源的配电网能量优化调度协调控制技术及分布式电源大量并网情况下配电自动化实现技术。研究配电网多种形式分布式电源的数学模型和优化控制策略、微电网经济运行与分布式电源优化调度理论、分布式电源高渗透率下的配电网经济调度。研究含多种类分布式电源的配电网能量优化管理系统，对未来集电能接入、传输、存储和分配功能于一体的新型配电网的

调度、控制、规划和运行进行前瞻性的研究，为实现灵活、可靠、高效的配电网网架结构建设，高渗透率的分布式电源和储能元件接入，高可靠性和高安全性的通信网络，灵活自适应的故障处理和自愈，优质的电能质量等奠定基础。

4. 配电自动化综合二次集束型标准化接插件技术

配电自动化提高了对信息的要求，大量数据需要采集、传输、接收等操作。提出配电站点内配电自动化综合二次集束型标准接插件技术，设备内部信号及控制线缆通过集束方式，经统一设计的标准化接口设备（航空插头）集中传输至控制终端。通过这种方式，降低工作强度，提高工作效率，减少错误的可能。同时可以充分利用出厂前的时间安装测试，减少现场施工的难度和时间，提高施工效率，而且便于后期运行维护。

5. 基于轮换返厂的既有城市配电网配电自动化改造方法

在对既有配电网的配电自动化改造时，提出基于轮换返厂的既有城市配电网配电自动化改造方法。首先在设备制造厂家提前配置若干套一次设备和自动化装置，然后在改造现场采用多站点平行施工方法，可减少停电时户数，提高了施工效率和安全性，对每个站点的配电设备改造和系统调试仅需4小时左右，从而降低对供电可靠率指标的影响，可广泛用于指导配电自动化改造的工程实施。

6. 新一代主站技术

在配电自动化主站的基础上，采取"主站一体化、终端和通信差异化"的模式，着力提升配电自动化应用水平，开展新一代主站技术研究。紧密结合智能配电网"智能感知、数据融合、智能决策"的顶层设计思路，统一规划、协调开展配电主站系统、PMS2.0系统及智能化供电服务指挥平台的统筹建设。新一代配电主站的建设分为三种模式。一是生产控制大区、管理信息大区系统均分散部署；二是生产控制大区分散部署、管理信息大区集中部署；三是生产控制大区、管理信息大区系统均集中部署方式。

（四）支撑作用

全面推进配电自动化建设，对新建配电网同步实施配电自动化，已有配电网开展差异化改造。根据供电可靠性要求，合理选择差异化配电自动化建设模式。充分考虑系统维护的便捷性和规范性，实现配电网可观、可控，全面提升配电网管控水平。根据电网结构和设备状况，针对 A＋、A、B、C、D、E❶ 不同区域网架结构合理选用"三遥""二遥"终端及故障指示器等配电终端类型，选择合适的通信方式。推广应用智能配变终端，加强对低压配电网的综合监控和统一管理，实现低压故障快速定位和处理。配电自动化的全面建成，逐步提高全自动馈线自动化方式应用率，实现与生产管理、调度系统、供电服务指挥系统的数据共享，助力一流城市电网的建设。

配电自动化的建设，提供对分布式电源实现"即插即用"，与电动汽车等新型负荷互动协调控制功能，同时配电自动化信息可以支撑供电抢修、配电网精益化管理等业务开展。强化配电主站的分析决策水平，为配电网的优化协调控制提供支撑。推行终端设备和主站信息的标准化交互、需求侧响应、电动汽车响应、可调度负荷的主动响应技术开发，实现配电网主站和现场设备的互动协调运行。

四　智能用电技术

（一）基本概念

智能用电主要指用户通过智能交互终端实现与电力公司的各种互动业

---

❶ A＋类区域：负荷密度≥30MW/km²；A 类区域：15MW/km²≤负荷密度＜30MW/km²；B 类区域：6MW/km²≤负荷密度＜15MW/km²；C 类区域：1MW/km²≤负荷密度＜6MW/km²；D 类区域：0.1MW/km²≤负荷密度＜1MW/km²；E 类区域：负荷密度＜0.1MW/km²。

务，支持目前正在实行的阶梯电价的实施，并能够为用户提供用电分析及建议。目前智能用电领域的应用的主要技术主要包括用电信息采集技术、智能家居技术、电动汽车充放电技术和自动需求响应技术。

用电信息采集系统通过对配电变压器和终端用户的用电数据的采集和分析，实现用电监控、推行阶梯电价、负荷管理、线损分析，最终达到自动抄表、错峰用电、用电检查、负荷预测和节约用电成本等目的。建立全面的用户用电信息采集系统需要建设系统主站、传输信道、采集设备及智能电表。

智能家居是以住宅为平台，利用综合布线技术、网络通信技术、安全防范技术、自动控制技术、音视频技术将家居生活有关的设施集成，构建高效的住宅设施与家庭日程事务的管理系统，提升家居安全性、便利性、舒适性、艺术性，并实现环保节能的居住环境。智能家居通过物联网技术将家中的各种设备连接到一起，提供家电控制、照明控制、电话远程控制、室内外遥控、防盗报警、环境监测、暖通控制、红外转发及可编程定时控制等多种功能和手段。与普通家居相比，智能家居不仅具有传统的居住功能，兼备建筑、网络通信、信息家电、设备自动化，提供全方位的信息交互功能，甚至为各种能源费用节约资金。

电动汽车是指以车载电源为动力，以电机驱动，符合道路交通、安全法规各项要求的车辆。电动汽车的种类主要包括纯电动汽车、混合动力汽车、燃料电池汽车等。目前，电动汽车充电模式主要包括常规充电、快速充电和换电池方式。常规充电，指的是电动汽车通过安装在居民小区和公共停车场的交流充电桩进行充电，由交流 220 伏提供交流电源。快速充电，指利用快充设施在短时间内对电动汽车进行电量补充，具有较大的充电功率，通常采用 380 伏低压三相电进行供电。换电池方式，是指利用更换电池组的方式，在电量即将耗尽时将车载动力电池组卸下，更换上已经充满电的动力电池组。

目前，需求响应概念主要应用于电力行业，是指当电力批发市场价格

升高或系统可靠性受威胁时，电力用户在一定的时间因响应特定的价格信号、电费奖励补贴及保障电力可靠性的信号而采取的减少用电的行为，能够实现合理错峰、削峰填谷，统筹协调需求侧与供给侧资源，提高终端用电效率和改变用电方式。从而保障电网稳定，并抑制电价上升的短期行为。按用户不同的响应方式分为基于价格的需求响应和基于激励的需求响应两种类型。

（二）应用现状

1. 用电信息采集方面

用电信息采集系统已经得到广泛的应用。系统的高压部分主要采用上行通信方式为 230MHz 无线专网和 GPRS/CDMA 无线公网，专变终端和电能表之间以 RS-485 线和脉冲线连接。低压部分上行数据通道采用 GPRS APN 专用网络＋光纤专网，支持 CDMA 网络；下行数据通道采用 RS-485 线和载波结合的方式，以载波方式居多。变电站采集上行通信信道为光纤专网，下行通信信道采用 RS-485 线方式。为了满足信息共享和专业应用，用电信息采集系统与计量中心生产调度平台、电能质量在线监测系统、供电电压自动采集系统和电能服务管理平台四个系统实现对接。

2. 智能家居方面

智能家居的概念起源很早，但一直未有具体的建筑案例出现，直到1984 年美国联合科技公司将建筑设备信息化、整合化概念应用于美国康涅狄格州哈特佛市的 City Place Building 时，才出现了首栋的"智能型建筑"，从此揭开了全世界争相建造智能家居的序幕。2011 年以来，智能家居市场出现了明显的增长势头，说明智能家居行业进入了一个拐点，由徘徊期进入了新一轮的融合演变期。国内部分地区开展了智能小区、智慧家庭等试点示范项目，验证了智能家居的安全性及稳定性。智能家居一方面进入一个相对快速的发展阶段，另一方面协议与技术标准开始主动互通和融合，行业并购现象开始出现甚至成为主流。近年来，各大厂商已开始密集布局

智能家居，尽管从产业来看，业内还没有特别成功的案例显现，行业发展仍处于探索阶段，但越来越多的厂商开始介入和参与表明智能家居未来已不可逆转。

3. 电动汽车充换电技术方面

世界各国都把发展电动汽车作为重要的战略方向，世界各国著名的汽车厂商都在加紧研制各类电动汽车，并且取得了一定程度的进展和突破。出于对能源危机和环境保护的关注及占领未来世界汽车市场的考虑，日本一直十分重视电动汽车的研制与开发。从当下世界范围内的整个形势来看，日本是电动汽车技术发展速度最快的少数几个国家之一，特别是在混合动力汽车的产品发展方面，日本居世界领先地位。我国也高度重视电动汽车产业的发展，中国电动汽车重大科技项目的研发开始于 2001 年，经过两个五年计划的科技攻关及奥运会、世博会、"十城千辆"示范平台的应用拉动，中国电动汽车从无到有，技术处于持续进步状态，建立起了具有自主知识产权的电动汽车全产业链技术体系。国内各地区结合经济社会、交通发展和电网建设规划情况，积极推广应用电动汽车，全面展开充电站、换电站及分散式充电桩的建设工作，基本满足电动汽车的充换电需求。

4. 自动需求响应方面

20 世纪 70 年代中期，美国、法国、英国等西方发达国家率先开展了电力需求侧管理和需求响应研究，以激励用户降低能源使用，经过几十年的探索发展取得了显著成效。美国通过实施得克萨斯州自动需求响应项目，实现空调负荷智能管理，提供辅助服务的需求响应项目，在需求响应服务上拓展了旋转备用功能，取得了显著成效。自 20 世纪 70 年代石油危机开始，法国以最大限度降低能源消耗为目标，实行了多种需求响应政策措施。针对工业、第三产业、居民用户等实施不同的激励措施。英国典型的自动需求响应项目主要有英国政府的能源信息反馈项目和英国南苏格兰能源公司的自动需求响应示范项目。

我国需求响应研究起步较晚，尽管相比于西方发达国家有较大差距，

但经过各方努力发展至今也取得了较大成效。自 2004 年起，从国家层面相继出台了一系列需求侧管理、需求响应等方面的各项政策规定。随着 2012 年居民阶梯电价政策在全国范围内实施，同年北京市、江苏省苏州市、河北省唐山市和广东省佛山市被确定为首批需求响应试点城市。2013 年全国电力需求侧管理平台的建设工作启动，我国的电力需求响应工作得到全面迅速的发展。近年来，在国家相关政策支持引导下以试点城市、示范工程为基础对基于激励机制的需求响应项目开展相关研究。2015 年夏季，作为需求响应试点地区的佛山市、江苏省、北京市、上海市通过省市级电力需求响应平台实施了电力需求响应。2016 年夏季，江苏省进一步明确和完善了需求响应实施细则，继续开展需求响应。

（三）关键技术

1. 用电信息采集

（1）按电压等级分类采集。

1）高压采集设备的安装范围和配置原则。35 千伏及以上电压等级、10 千伏供电但容量为 500 千伏安及以上的电力客户安装使用控制功能的负荷管理终端。10 千伏供电容量为 315 千伏安及以上且小于 500 千伏安的电力客户，或容量小于 315 千伏安，但具有两个及以上计量点的客户安装不使用控制功能的负荷管理终端。10 千伏容量小于 315 千伏安且只有一个计量点的电力客户安装远传模块电能表。距离主计量点较远的子计量点亦应安装远传模块电能表。

2）采集系统低压部分配置原则。10 千伏公用配电变压器计量点统一安装集中器，通过公网（GPRS、CDMA）通道采集和传输全部配电台区下（含台区）计量点信息。配电变压器台区下所带的全部电力客户计量点安装带有与台区集中器载波方案相同的载波电能表。具备集中装表条件的计量点也可通过表计 RS-485 接口配置就地采集器的方式，通过电力线载波实现表计信息的集中采集。

（2）光纤复合低压电缆 OPLC 的应用研究。光纤复合低压电缆 OPLC 是电力光纤接入网发展的一种形式，它是将光纤组合在电力电缆的结构层中，使其同时具有电力传输和光纤通信的功能，如图 4-11 所示。采用光纤复合低压电缆既能供电，又能彻底解决电网信息化问题，能够完全满足全社会的所有信息服务的接入需求，是国家实现"三网融合"战略部署的有效支撑；也彻底避免各种线路重复建设，解决安全距离、抢占通道、交叉跨越等问题，提高资源利用率，降低生产成本。

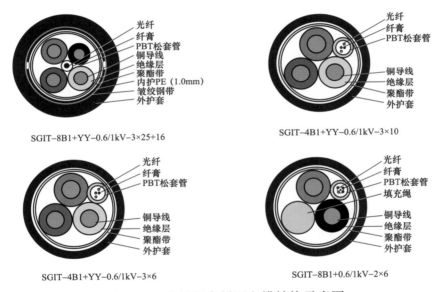

图 4-11　光纤复合低压电缆结构示意图

（3）用电分析技术。采集居民家庭总用电量数据，为用户提供上个月的家庭用电量和电费信息。同时，用户可以查询到家庭的历史用电数据，了解家庭用电趋势。根据家庭所在地区的用电政策，为用户提供家庭用电数据的阶梯电价或分时电价信息，系统可以通过图表形式直观形象地展示家庭能效分析结果，并输出统计报表，帮助用户科学合理的调整家庭用能。

2. 智能家居

（1）智能家居技术方案。采用物联网技术组网，应用物联网技术，通

过微功率无线网络把加载了智能控制模块的家用电器和智能终端互联，实现对智能家电、电话等多渠道远程控制。通过在烟雾探测器、红外探测器和燃气泄漏探测器安装传感器和无线通信模块，组建家庭安防系统。通过用户家中的智能交互终端，将用户家中的智能家居用能信息采集汇总后，经智能小区网络上传至用能服务系统主站，实现了电网公司同用户间双向互动服务，指导用户科学合理用电，进一步提高能量利用效率，推广低碳经济的发展。智能家居总体架构如图 4-12 所示。

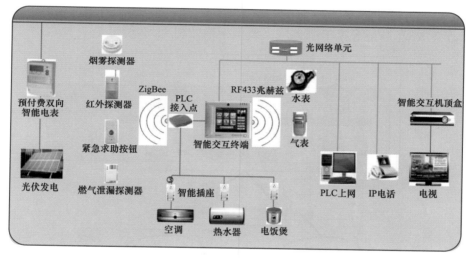

图 4-12 智能家居总体架构

（2）智能家居控制技术。在用户家庭中布置智能用电产品，为用户提供智能家居控制功能，如远程控制家中的用电设备、设定用电设备的定时工作状态等。使用场景模式一键控制家中多个电器设备，实时远程查看用电设备的工作状态或用电参数，指导用户合理调整用电，及时获取通知信息，指导用户正确处理异常状况。可以实现视频监控，通过视频监控设备，能够实时查看家居环境，同时还可以实现移动侦测、红外夜视、本地存储等功能。

（3）用电互动。签署需求响应服务协议，用户家庭智能设备主动上传其工作状态及电量使用信息，反映家庭可调负荷水平。当电网处于用电高

峰时段时，系统根据区域内负荷的可调节潜力，向用户推送相关设备的调节指导通知，指导用户合理调节家庭用电设备的工作模式，降低家庭用电负荷。利用一定区域内实施自动需求响应的整体效应，达到削峰填谷的作用。当居民用户电费余额不足时，及时推送消息通知，通知用户及时缴纳电费，避免忘缴电费带来的不便，用户可以直接使用智慧家庭客户端在线缴纳电费。对于一段时期内的缴费信息，用户可以使用智慧家庭客户端查询到历史统计数据。

3. 电动汽车充换电

电动汽车智能充换电服务网络典型架构如图 4-13 所示。

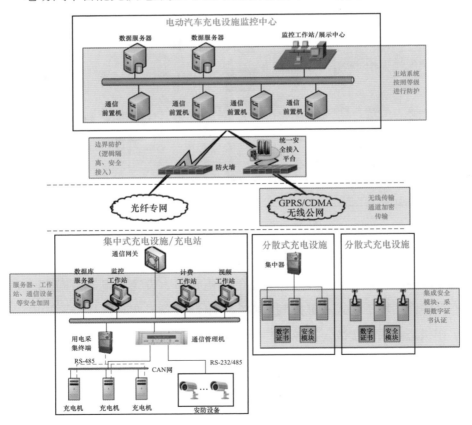

图 4-13　电动汽车智能充换电服务网络典型架构

（1）智能充电技术。通过系统参数在线辨识和参数自整定控制，依据动力电池充电特性专家数据库对电池进行智能均衡充电。充电过程中实时监测电池温度变化曲线，对电池安全性进行预测，保证充电过程电池的安全。通过充电曲线快速跟踪技术使得直流充电机时刻跟踪电池管理系统（BMS）提供的动力电池充电电压和充电电流曲线，当充电参数偏离动力电池充电曲线要求时，可自动快速调节输出参数以实现跟踪效果的最优化，保证充电机输出电压电流自动跟踪动力电池最佳充电曲线。同时，结合充电监控系统动力电池全寿命周期管理模块，对充电曲线进行智能调整，优化动力电池的能量补充过程，以延长电池的使用寿命。

（2）安全防护技术。整体成型的插针及全保护插针安装方式，所有公母插针都具备防触摸保护设计；电缆整体绝缘保护，内设固定电缆卡环，防止电缆因负重移位脱落；插座内设密封圈，充电状态满足不低于 IP65 要求。交流充电桩外壳采用全塑料材质构造，人员操作触摸不到金属部件；漏电电流超过定值瞬间切断桩内电源输出，防止漏电，可以保护使用者的人身安全。直流充电机采用直流绝缘监测技术，实时监测直流输出正负极接地情况，一旦发生单极接地，可迅速切断输出，防止短路发生；充电机具有完善的保护功能，包括交流掉电、缺相、过欠压保护，直流输出过压保护、过流保护、短路保护及过温保护。

（3）有序充电技术。结合基本理论、技术规范、电网现状、车辆需求、发展规划等，分析并研究规模化充电负荷影响的典型电网模型。利用PSASP、BPA、PSCAD、MATLAB 等仿真工具和分析方法，通过理论分析、仿真计算、结果分析，分析规模化充电负荷对电网安全性、电能质量、经济性、规划等方面的影响。随着电动汽车的市场渗透率越来越高，无序充电会给电网可靠性带来较大的影响，而通过有序充电控制可使电动汽车成为一个可控的负荷。有序充电控制首先根据不同的策略确定目标函数，然后使用不同的规划算法来解决不同的目标优化问题，如图 4-14 所示。

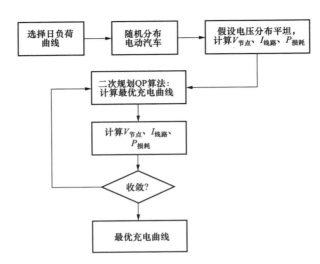

图 4-14 有序充电控制策略示意图

4. 需求响应

需求响应系统总体运行流程如图 4-15 所示。

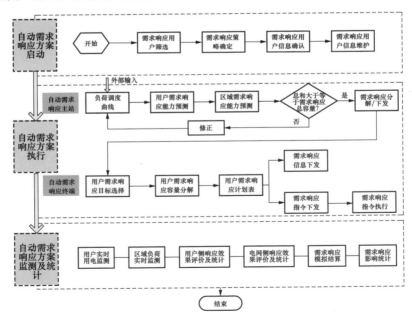

图 4-15 需求响应系统总体运行流程

（1）自动需求响应辅助决策研究。基于不同类型负荷的用电特性及负荷的历史数据，考虑天气、特殊节日等影响因子，形成典型用户负荷曲线。基于不同用户、不同类型负荷的响应能力，监测负荷的实时运行状态，考虑调控目标需求、控制策略、调控时间、用户调控信誉等因素，对负荷缺额数据进行分配。实时采集电力用户分项计量设备的运行数据和环境传感器参数，分析设备的运行状态，预测用电设备的响应潜力。在调控事件结束后，对单个用电设备/区域用电负荷的调控效果进行全方位评价，量化单个用电设备/某次区域用电负荷调控的调控效果。

（2）重要用户风险评估研究。对重要电力用户内部用电设备进行能效分析，评估能源的利用效率及重要电力用户内部设备进行需求响应改造的成本及收益，进行经济性综合测算。在完成用户用能分析和执行自动需求响应的基础上，借助重要电力用户的量测控制网络，对用户用电安全隐患进行在线诊断，分析隐患部位，提出隐患排查方案；对低压配电网络的供电可靠性进行统计分析，同时对参与自动需求响应设备的执行效果进行可靠性评估。

（3）自动需求响应调控策略研究。在项目总体运行方案中，对用户的每个运行策略都需要进行全过程的监视，则需要建立起一个调控策略的执行流程，主要包括执行前的检测、执行中的监视、执行后的反馈。当确定执行某个调控策略时，自动需求响应终端通过检测策略内相关设备的在线状态、参数设置和周边信息，确定该策略是否可行。在运行策略执行时，监视相关数据并进行存储，感知执行过程出现的问题及时进行问题反馈，确保设备安全。

（四）支撑作用

智能用电项目的建设，是一流供电网建设的重要环节，是电网企业直接面向社会，实现居民用电与电网的互动，是社会各界感知和体验一流供电网建设成果的主要途径。通过智能电能表采集用户的用电数据，可以辅

助电网企业提升管理水平。建设智能小区及应用智能家居产品，以电网投入带动社会企业资本进入，对做大做强示范小区有极其重要的作用。同时依靠各企业资本进入社会事业的相关配套政策、激励措施等，以政策引导社会力量调整社会事业投入方向，解决实际建设中的各类问题。在以电网主导，各企业广泛参与的同时，依靠各种优惠措施，激励普通民众加入其中，共同建设互动化、智能化、节能化的示范小区。

自动需求响应建设，就面向日益丰富的调控对象和深度互动的调控需求，通过采用先进的精细化负荷调控技术手段和管理手段，实施自动需求响应，实现负荷最大程度地、最大精细化地参与电网优化运行；同时通过探索信誉积分激励等商业运作模式，引导电力用户主动参与需求响应，促进电力供需平衡，促进分布式可再生能源消纳，提升自身和区域的能效利用水平，促进电力资源的合理、高效配置。

五 信息与通信技术

(一) 基本概念

电力通信网分为骨干通信网和终端通信接入网。骨干通信网包括省级骨干通信网、地市骨干通信网两个层级。骨干通信网的建设范围主要包括传输网、业务网和支撑网。传输网包括光缆、光通信系统、微波通信系统、卫星通信系统、载波通信系统等。业务网包括数据通信网、调度电话交换网、行政电话交换网、电视电话会议系统等。支撑网包括频率同步网、通信网管系统等。其他还包括应急通信系统、动力环境监控等。终端通信接入网包括 10 千伏通信接入网和 220 /380 伏通信接入网两个层级。10 千伏通信接入网指变电站 10（20 /6）千伏出线至配电网开关站、配电室、环网单元、柱上开关、配电变压器、分布式电源站点、电动汽车充换电站的通信网络。220 /380 伏通信接入网应至少覆盖至低压用户（电源）表计、电动汽

车充电设施等。

信息支撑平台包含调度自动化系统、配网自动化系统、配网抢修指挥平台、生产管理系统、地理信息系统、用电信息采集系统、营销业务应用系统、一体化信息集成平台系统、电能质量在线监测系统、智能电网设备状态检测系统、微网系统等多个系统。

（二）应用现状

城市电网通信网络以光通信技术为主要方式，传输网覆盖和延伸能力不足的地区，租用运营商资源或与运营资源置换。10 千伏通信接入网承载配电自动化、电能质量监测、配电运行监控、配变监测、分布式电源控制等业务，并作为 220/380 伏通信接入网承载业务的上联通道。220/380 伏通信接入网承载用电信息采集、电力需求侧管理、负荷监控、电能采集管理和充电桩管理等业务。国内各城市电力通信网基本均形成了光纤通信技术为主的骨干通信网加光纤、载波、无线相结合的终端通信接入网，实现变电站、配电室、环网柜、分布式电源、电动汽车充换电站等全电压等级各类型设备信息的上传。国内部分城市结合自身业务特点和发展规划，开展了承载配电自动化、用电信息采集、配网抢修移动作业等多业务的无线专网建设。通过无线专网建设，实现 TD-LTE、光纤网络、载波网络、无线公网等多种组网方式有效融合，构建"灵活接入、安全可靠、经济高效"的统一终端通信接入平台。应用虚拟化、云计算等技术搭建的信息化平台分别支撑了资产管理、电网操作、运维管理、智能电网分析、客户服务等五大方面。

（三）关键技术

1. 有源光网络技术

有源光网络从局端设备到用户分配单元之间均采用有源光纤传输设备，即光电转换设备、有源光电器件及光纤等。有源光网络一般属于点到多点的光通信系统，按照传输体制分为 PDH 和 SDH 两大类。目前电网大部分

骨干通信网均采用 SDH 制式。有源光网络中最关键的部件是光纤收发器，其原理是采用多路复用技术，将多通道数据复用为高速信号，再由光电转换模块转换为光信号通过光纤传送，到接收端再经过相反的过程解复用出多路数据。

2. 无源光网络技术

无源光网络（PON）是一种应用于接入网、局端设备（OLT）与多个用户端设备（ONU）之间通过无源的光缆、光分/合路器等组成的光分配网。由于光纤的传输距离远、抗干扰能力强、容量大，因此无源光网络成为接入通信网传输介质的首选，其中 EPON 技术应用最为广泛。EPON 就是以太网技术与 PON 技术结合，EPON 中的数据通过以太网传输，不需要任何复杂的协议，光信号就能精确地传送到最终用户，来自最终用户的数据也能集中传送到中心网络。

3. 工业以太网技术

工业以太网是在以太网和 TCP/IP 技术的基础上开发出来的一种工业用通信网络，主要应用于工业控制领域。它通过采用交换式以太网和全双工通信、流量控制及虚拟局域网等技术提高网络的实时响应速度。

4. 无线通信技术

公网运营商采用的无线通信技术一般有 GPRS、3G、4G 等，GPRS 是在现有的全球移动通信系统基础上发展起来的一种移动分组数据业务，通过在 GSM 数字移动通信网络中引入分组交换的功能，用分组方式进行数据传输。3G 是指支持高速数据传输的蜂窝移动通信技术，它与 2G 的主要区别在于传输声音与数据的速度上的提升，3G 能更好地实现无线漫游，并处理图像、音乐、视频等多种媒体形式。4G 技术是集 3G 与 WLAN 于一体，并能够快速传输数据、高质量传输处理音频、视频和图像等数据流，其包括 TD-LTE 和 FDD-LTE 两种制式。可以采用租赁无线公网与自建无线专网相结合的形式，为城市供电网提供各种场景下的接入支持。

WiMAX 技术是目前解决无线城域网的最佳技术。根据电力系统业务需

求分析可知，其业务特点是以数据业务为主，接入点多，系统要求覆盖面广，要求基站吞吐量大，对非视距传输距离要求达到 1km 以上等，而 WiMAX 技术以其高吞吐量、优越的非视距传输性能解决了电力系统的业务需求。

5. 资源管理技术

在资源池的基础上，通过资源管理技术，实现云计算弹性技术特征，即当某个应用负载过高时，系统可以及时提供更多的资源供其使用，而当其负载降低时，又会自动回收这些资源来提供给其他应用使用。而自动化则是资源管理中最重要的部分，将所有硬件资源集中到虚拟构造块中，定义并关联应用程序的服务级别后，就可以根据业务规则和应用程序需求部署自动化计划。

6. 弹性扩展技术

弹性扩展分为架构的弹性扩展和服务的弹性扩展两方面。云计算架构的扩展性体现在容量扩展和性能扩展两方面，目标是满足业务的不断增长对 IT 的需求。从扩展的方向上又可分为纵向与横向两种。纵向扩展，整合的程度更高；横向扩展，整体容量和性能提高更快。服务的弹性扩展是指依托云计算架构的服务，具有灵活快速的扩展性。对虚拟化、标准化的资源进行自动化管理，为服务的快速交付、变更提供条件。

(四) 支撑作用

通信系统建设是电网建设与改造的重要支撑，为配电自动化系统提供安全、可靠的传输通道，为世界一流城市电网的发展奠定基础。遵循因地制宜原则选择通信网组网方式，坚持同步规划、同步建设、同步投运的原则，统筹协调通信网建设与电网建设，实现配电自动化站点通信覆盖率、用电信息采集系统（采集终端/智能电能表）通信覆盖率、分布式能源、电动汽车充电站等业务指标的全面覆盖与提升，并满足智能用电小区和光纤到户业务的用电营销业务通道上联要求。信息支撑体系以 GIS、数据中心为

支撑平台，围绕营销业务管理、PMS、用电信息采集、配网抢修指挥管理平台等业务应用，通过数据梳理、集成应用、高端展示、挖掘分析等手段，为打造世界一流城市电网提供支撑。

本章小结

（1）本章主要论述了"世界一流城市电网"指标体系，梳理出安全可靠、服务优质、经济高效、绿色低碳、智能互动五大维度的核心指标，最终建立由核心指标体系和支撑指标体系共同构成的，全面、立体、多维度的世界一流城市电网建设指标体系。

（2）介绍了发电、输电、变电、配电、用电等专业采用的先进技术支撑。新能源开发利用可以优化能源结构、实现多能源融合，利用风能、太阳能等新能源，因地制宜发展分布式供能，是实现新能源开发的有效途径。配电自动化的建设，提供对分布式电源实现"即插即用"，与电动汽车等新型负荷互动协调控制功能，同时配电自动化信息可以支撑供电抢修、配电网精益化管理的业务开展。

（3）通信系统建设是电网建设与改造的重要支撑，为配电自动化系统提供安全、可靠的传输通道，为世界一流城市电网的发展奠定基础。以GIS、数据中心为支撑平台，围绕营销业务管理、PMS、用电信息采集、配网抢修指挥管理平台等业务应用，通过数据梳理、集成应用、高端展示、挖掘分析等手段，为打造世界一流城市电网提供支撑。

第五章

世界一流城市电网实施路径

    世界一流城市电网实施是一项系统工程，涵盖电网规划、建设、生产、经营多个业务领域，电网的水平提升也是一个动态发展持续提升的过程。"一流城市电网指标体系"是城市电网建设提升的指标导向，具体建设实施主要围绕技术进步和管理提升两条主线，应用先进的技术和管理理念，根据城市的特点和电网所处阶段，分步骤分重点实施建设。

第一节 总体规划

 战略框架

"世界一流城市电网"建设是一项系统工程，需要围绕"安全可靠、服务优质、经济高效、绿色低碳、智能互动"的核心特征，通过技术进步、管理提升两条主线，系统化、顶层设计总体战略框架，如图5-1所示。

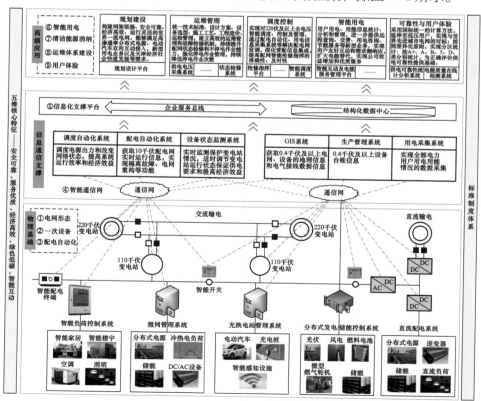

图 5-1 世界一流城市电网建设战略架构

如图 5-1 所示总体战略架构由网架、设备维度的电网物理设备基础支撑体系，计算机、信息、通信维度的信息通信支撑体系，以及涵盖电网规划、建设、运行、检修、营销全部专业口径的高级业务应用体系构成。三个层次相互依托、依次递进。需要通过建立完整的标准制度体系，保证三个层级内部及三层之间的畅通和高效运转。

(1) 电网物理基础。网架结构和电网装备是世界一流城市电网建设的物质基础。坚强的网架结构、智能可靠的一次设备、完善的自动化装置、发达的通信网络，是保障电网安全可靠、灵活运行的基础，同时也是有效承接高渗透率分布式电源、电动汽车双向互动接入，新型用电业务需求的关键载体。物理基础层需要重点开展世界一流水平的电网形态、一次设备智能化和配电自动化改造等方面的建设。

(2) 信息通信支撑。信息支撑是承上启下的关键层级，从下层的电网物理基础采集各种信息，为上层的业务高效开展提供有力的技术支撑。建设完备的一体化信息数据中心（平台）是关键，通过企业服务总线、结构化数据中心等技术实现所有信息系统的数据共享和融合，实现电网"全程、全景、全维度"的信息集成和统一管理，提供实时、准实时、非实时等各种数据存储、转发、调用机制，满足各类业务开展的需要。信息通信支撑层需要重点开展一体化信息平台和智能通信网的建设。

(3) 高级应用业务开展。通过信息通信平台支撑电网业务高效开展，降低工作强度、提高工作效率、提升工作质量、拓展工作范围、增加工作成效；通过"职责、流程、制度、标准、考核"五位一体管理机制保障各类业务职责清晰、流程顺畅，既有相对明确的界面，又有互相协同运转的机制，使得城市电网整体生产、经营、服务等业务成效达到最优。高级应用业务开展层直接体现世界一流水平的方方面面，需要重点开展智能用电、清洁能源消纳、运维体系建设、用户体验等方面的建设。

 实践路径规划

按照最终全面建成世界一流城市电网的目标，统筹考虑不同层次工作之间的关联关系，表5-1和表5-2分别给出了实现的总体目标、推荐的分步骤实施计划和具体各项工作的目标要求。

表 5-1　　世界一流城市电网建设总体目标与分步骤实施计划

总体目标	建成结构坚强，具有高度的信息化、自动化、互动化水平，具备安全可靠、服务优质、经济高效、绿色低碳、智能互动五维核心特征，主要生产、经营、服务指标位于世界一流水平的城市电网
分步骤 实施计划	（1）夯实基础阶段：50%的 A＋类地区电网达到世界一流水平，剩余A＋类地区电网达到世界较好水平，全部 A 类地区电网达到世界一般水平，A＋类和 A 类地区电网总水平达到世界一般水平；其他地区重点解决单线单变、供电半径过长等问题，按计划推进配电自动化等建设 （2）建设追赶阶段：全部 A＋类地区电网达到世界一流水平，全部 A 类地区电网达到世界较好水平，A＋类和 A 类地区电网总水平达到世界较好水平；其他地区重点提升联络率、N－1 通过率，按计划推进配电自动化等建设 （3）引领提升阶段：全部 A＋类和 A 类地区（约 900 平方公里）电网达到世界一流水平；其他地区重点进行网络结构优化，按计划推进配电自动化等建设

表 5-2　　世界一流城市电网建设具体各项工作目标要求

实施路径	目标要求
电网形态	贯彻分层分区原则，简化网络接线，调度运行灵活，消除发生大面积停电隐患；各级电网相互支援，电压变电总容量与用电负荷之间比例协调、经济合理，各级电压容载比：500 千伏不低于 1.7，220 千伏不低于 1.8，110 千伏、35 千伏不低于 2.0。
一次设备 智能化	采用先进、可靠、集成、低碳、环保的智能设备，以全站信息数字化、通信平台网络化、信息共享标准化为基本要求，建设能够自动完成信息采集、测量、控制、保护、计量和监测等基本功能，并支持电网实时自动控制、智能调节、在线分析决策、协同互动等高级功能的智能变电站。在配电装备"坚固、耐用、免（少）维护"改造的同时，着力提升配电网设备的智能化水平

续表

实施路径	目标要求
配电自动化	基于标准、通用的软硬件基础平台，以可靠性、可用性、扩展性和安全性为标准，根据不同供电区域的配电网规模、重要性要求、配电自动化应用基础等情况，合理选择和配置软硬件配电自动化主站；差异化建设配置配电自动化终端；差异化、灵活建设配套配电通信网
智能通信网	以"先进实用、结构可靠、覆盖面全、包容性强、接入灵活、经济高效"为目标，统一规划、分步实施、适度超前，因地制宜选择配电通信网组网方式，坚持与电网工程同步规划、同步建设、同步投运，建设涵盖承载 10千伏电网、电动汽车充换电站、分布式电源等多业务服务的综合性配电通信网络，提升配电通信网通道利用率
信息化支撑平台	以 GIS、数据中心为支撑平台，围绕营销业务管理、PMS、用电信息采集、配网抢修指挥管理平台等业务应用，通过数据梳理、集成应用、高端展示、挖掘分析等手段，打造符合世界一流城市电网要求的供电网信息支撑体系，满足高安全性和高可靠性
智能用电	深入开展智能电能表换装及用电信息采集系统深化应用，完成营配贯通数据治理，实现"变电站—10 千伏线路—配电公变（专变）—用户"数据完整且一致；积极倡导"以电代煤、以电代油、电从远方来"的能源消费新模式，推动电动汽车、电锅炉等新型用电业务，扩大电能占终端能源消费的比例；大力推进的电力需求侧管理；加快分布式电源并网速度，提高并网服务水平
清洁能源消纳	充分发挥清洁能源供应、商业平台构建、生态环境治理、信息交互体验等作用，通过促进"网、源、荷、储"全面协调，实现"电、气、热"互联互通，支撑清洁能源消纳
运维管理体系	按照"不停电、少停电"和"停电快修、快速复电"两个配电运维目标，从网架设备、状态检修、不停电作业、配电自动化、标准化抢修及应急管理等不同专业管理方向，分别从装备水平、技术能力、组织管理等不同维度，推进配网运维体系建设，构建适应"两个一流"的现代运维检修体系
用户体验	接轨国际可靠性数据统计方式，实现基于客户体验的用户供电可靠性统计分析，实现按照负荷密度分区开展可靠性统计，为差异化的电网发展规划提供科学、准确的依据。 　以客户服务为中心，充分利用移动互联网等新技术，增强营业厅服务能力并充分利用社会公共资源拓展缴费平台，提高用户用电体验；超前研究电动汽车充换电、分布式电源接入等新型营销业务用户互动服务

第二节 建 设 重 点

 电网形态

电网形态是整个电网构建的核心基础,在世界一流城市电网建设中,通过高标准、高水平、高质量的建设方案来优化提升电网网架结构,为世界一流城市电网建设打下坚实基础。同时实现电网建设与地方经济和社会发展的合理匹配,与城市基础设施建设的同步结合,与城市空间发展战略布局的有机衔接。

电网结构应贯彻分层分区原则,简化网络接线,调度运行灵活,消除发生大面积停电隐患;各级电网相互支援,电压变电总容量与用电负荷之间比例协调、经济合理,各级电压容载比处于合理范围。

(一)建设阶段

初级阶段:适应城市总体发展规划目标的要求,加强特高压等外部输电通道建设,统筹优化各级电网,具备向各级用户充分供电的能力,满足多种能源和新型负荷接入的要求,满足电网安全准则的要求。

中级阶段:适应城市电力消费结构变化,按照"强—简—强"的原则建设坚强可靠的电网结构,重点加强特高压、超高压输电网和中低压配电网建设,基本建成网架坚强、结构合理的与国际大都市相适应的现代电网结构。

高级阶段:基本建成目标网架,实现网架坚强、安全可靠、结构合理、经济高效的目标,电网具有充足的受电能力、输电能力、联络能力和供电

能力，各级电网协调发展，适应各类负荷和电源的接入。

（二）建设内容

结合城市电网实际，以目标网架为最终目标，按照"适度超前"原则逐步构建坚强的电网结构。重点加强特高压交、直流外部输电通道建设，增强接纳外部电力的能力，建成超高压输电网双环网结构，形成高压输电网系统独立或联合分区的供电方式；依据"强—简—强"的网络分层结构原则，建设结构相对简单的高压配电网；加强中压配电网建设，形成"高度互联、结构清晰"的中压配电网，最终建成安全可靠、经济高效的城市电网。

1. 完善主干网架，提高外受电能力

超高压电网是城市电网的主干网架，构建坚强网架，按照双环网结构规划建设，既能独立成环，又能纳入区域主环网中。加强与周边电网联系，适应特高压变电站接入，接受市外来电，超高压双环网实现多通道分散受电格局。国外主要大城市建立的受端电网主网架结构大多数都已形成环形结构，这种结构有利于从多方向受入电力，通过环网通道实现功率的再分配及事故时的相互支援。受端电网结构坚强，有利于提高外受电比例，然而这种结构对控制短路电流不利，如果环网较小，在获得较高系统稳定水平同时，需要对系统的短路电流水平采取控制措施。

2. 构建坚强的城市内部高压输电网

电网整体供电安全可靠性的高低，是各电压等级协调配合、共同作用的产物。一般把强化两端、简化中间层级作为选择各级电网结构的重要原则。考虑到输电网影响范围很大、故障后供电恢复时间要求非常严格的特点，通过大量输电节点的设置，在线路停电的情况下保证向城市的电力供应，提供一个非常可靠、安全的供电系统。形成双回路环形结构，向负荷中心供电。电网的短路电流水平，主要以调整电网结构、分母运行、安装限流电抗器等手段加以控制。

城市内部高压输电网应以上级超高压变电站、发电厂为中心，实现分区运行，正常方式下各分区间相对独立，同时各分区间具备足够的相互支援能力。

同一分区内的高压枢纽变电站形成环网结构，以电源为中心，采用多组双回线路连接各个高压枢纽站形成环网结构，环网上枢纽站可进一步联络以强化网架结构。

高压负荷变电站采用至少双回线路接入系统，至少引入两个方向电源。

3. 构建"强—简—强"电网结构，简化高压配电网

对照国外电网，在负荷密度较高的地区，一般高压配电网结构相对简单，基本上采用"线路 T 接"和"线变组接线"方式，通过加强低压配电网的联络能力保证供电可靠性。

在高压配电网层面，根据城市负荷增长情况，提升电网供电能力，具备充足的为用户供电的能力；改造消除电网存在的薄弱环节，提升供电可靠性；建设联络通道，满足上级变电站负荷转移的需要。

电网结构建设双侧电源的链式和辐射式结构。目标网架结构优先采用链式结构，在上级电网较为坚强且中压配电网具有较强的站间转供能力时，也可采用辐射式结构。

（1）链式接线方式：在 2～4 座上级变电站之间以 2～4 回电源线路连接 2～3 座变电站构成链式结构，正常方式下开环运行，开环点位置可根据电源端上级变电站负载率灵活设定。

（2）辐射式接线方式：自一座上级变电站引出双回电源线路，或由变电站转供，或在 110 千伏电源线路上 T 接引入双回电源放射式接线，上级变电站同一方向串带变电站数量不超过 3 座。3 台主变压器运行的变电站应由本供电区域的其他电源引入第三回进线。

变电站接入方式可采用 T 接或Π接方式。

目标网架过渡期间，高压配电网应建设联络通道，满足上级变电站负荷转移需要。

电源一般取自两个不同方向。

在负荷密度较大的地区，优化电网结构采用"强—简—强"模式，在高压输电网采用双环网的模式下，避免出现同塔双回供一个站的情况；高压配电网采用双 T 接和双回放射式接线，部分形成手拉手供电方式；中压配电网为双环网或多个单环网，互联率达到 100%。简化高压配电网结构，有助于节约电网建设资金，提高通道利用效率；可靠性略有降低，但对电网供电可靠性水平影响有限。

4. 优化电压序列，提高电能在电网中的传输效率

交流电网发展均经历了伴随电力负荷发展、电压等级不断提升、电压序列逐步简化和标准化的发展历程。国外城市供电网的电压等级一般为 4~5 级，最多达到 6 级。随着城市电网的发展，负荷密度不断增加，在负荷密度较高地区应逐步简化电压序列，取消相近的中间电压等级。

5. 加强中压配电网结构，形成清晰的供电网络

中压配电网作为与用户直接接触最为紧密的一级电网，考虑到其规模大、故障率高的实际特点，应着重加强网络结构建设，保持必要的冗余度，一般采用闭环建设、开环运行的总体思路。

（1）加强联络提升故障方式下的负荷转移能力，做到本级电网单一元件故障后除故障段外其他用户可以快速恢复供电。

（2）提高线路联络率，在不同变电站之间建立必要的站间联络，当上一级电网发生单一元件故障后后由中压配电网将负荷转移至其他变电站供电，当发生变电站全停时由中压配电网转移变电站重要负荷。

（3）优化线路联络关系，清晰电网结构，国外城市电网的中压配电网结构比较清晰，有利于配电自动化策略的实现。中压配电网典型网络结构以电缆双环网、单环网和架空线多分段适度联络、单联络为主，但存在线路之间重复联络、无效联络等结构过于复杂的缺点。因此，在提高中压配电网的互联率的同时，逐步形成清晰的双环网或多个单环网的电网结构，线路合理分段、适度联络，运行方式灵活。

中压配电网典型结构如下。

（1）双环网结构。自不同变电站或同一变电站的不同母线引出的 4 条中压线路，形成双环网接线。该结构中，中压主干线采用双环结构，配电站点（一般为双电源的开关站、环网单元、配电室）Π接接入，即使双环网中的 1 组环网接线停电时，利用双电源配电站点内的电源切换装置，也可以实现减少用户停电时间的目的，整体可靠性较高。

（2）单环网结构。自不同变电站或同一变电站不同母线引出的 2 条中压线路构成联络，形成单环网接线。该结构中，中压主干线采用单环结构，配电站点（一般为单电源的开关站、环网单元、配电室、箱变）Π接接入，由于各个环网点母线至少具备 2 个线路侧负荷开关，可以隔离任意一侧线路故障，故障停电范围大幅度缩小。

（3）多分段适度联络结构。中压架空线路根据接入公用配变和用户的数量与容量分段，每个分段或几个分段引入一个联络。目标网架形成的过渡期间，当实现架空多联络结构较为困难时，可优先实现末端联络，形成架空单联络结构。该结构中，公共架空变台和用户 T 接接入，通过在干线上加装分段负荷开关把每条线路分为若干分段，并且每一个或几个分段都有联络线与其他线路相连接，当任何一段出现故障时，均不影响另一段正常供电，从而使每条线路的故障范围缩小，提高供电可靠性。

 一次设备智能化

电气一次设备的智能化要求设备本身应实现测量数字化、状态可视化、信息互动化、控制网络化和功能一体化的主要功能。图 5-2 展示了主变压器和断路器等典型的智能化一次设备。电气一次设备智能化可以通过两种途径来实现，一是通过对传统的电气设备配备智能终端，即对其进行智能化改造；二是直接由厂家设计制造具备智能化功能的电气设备。目前实现电气一次设备的智能化发展主要通过途径一来完成，也就是在传统的一次

设备上增加智能控制模块，使其集成数据采集、在线监测、故障判断和通信等功能。就地的智能终端及合并单元作为基于传统一次设备数字化变电站的重要实现手段被采用。就地智能终端与合并单元的使用，最大程度地减少了二次回路的复杂程度和二次电缆的使用量，同时也实现了过程层与间隔层设备之间的网络化通信，如图 5-3 所示，在不改变一次设备的条件下最大程度地实现了站内设备的数字化。图 5-4 展示了某智能变电站及其智能化 GIS 设备。

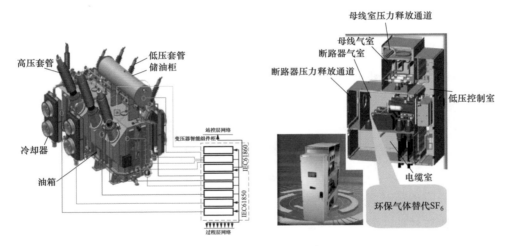

图 5-2 智能一次设备

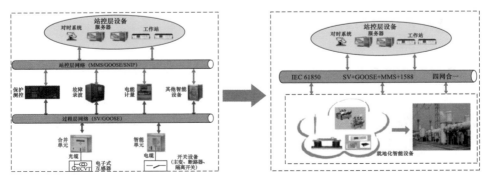

图 5-3 智能信息网络

图 5-4　某智能变电站展示

（一）建设阶段

初级阶段：本阶段主要实现一次设备运行参数在线监测及间隔内的继电保护功能，传感器收集的所有信息交由具有实时监测功能的专用装置进行辅助判断及分级告警，该装置会以检测到的一次、二次设备运行工况来判断设备是否需要检修或更换。重点建设在线监测设备、继电保护设备，以及与这些设备相关联的其他设备和网络。

中级阶段：本阶段主要实现各类功能的就地化，即所有的信息采集、分析判断、智能告警功能都应就地集成在智能组件当中。重点建设就地化智能组件及智能配电一次设备。

高级阶段：本阶段主要实现各种智能辅助控制高级应用功能。重点建设包括智能辅助系统综合监控平台、图像事件及安全报警防卫子系统、火灾自动报警及消防子系统、环境监测子系统、智能巡检装备等。

（二）建设内容

1. 智能变电站建设

（1）完全实现智能化的一次设备。以 1 台油浸式有载调压主变压器为例（见图 5-5），为了达到一次设备运行状态的完全可视与可控，需要在主变本体上加装油温监视、局放监测等大量的传感器、冷却器、有载调压机

构等控制器，同时还需要配备 1 台（或有冗余的多台）智能组件，以承担过程层和间隔层全部计量、检测、测量、控制、保护等任务。这样高压设备智能化之后，除了传感器、控制器、智能组件的电源线之外，只有智能设备与传感器、控制器之间及其连接站域系统的网络线。

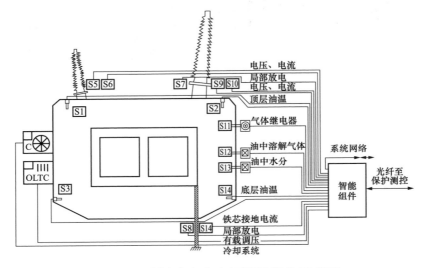

图 5-5　油浸式电力变压器智能化示意图

（2）传统一次设备的智能化。对于目前大量存在的传统一次设备，存在一个过渡阶段，以下是以 GIS 设备为例进行智能化改造的方案。如图 5-6 所示，智能单元负责数据采集。将在线监测系统纳入常规一次设备本体，由一次设备提供在线监测的传感器元件和信号采集及处理单元，传感器元件内嵌于一次设备本体，信号采集及处理单元装于一次设备汇控箱、端子箱等，在线监测数据由在线监控单元收集并通过光纤传输至过程层设备。机构执行元件及其控制回路不变，按间隔设置智能单元，智能单元与在线监控单元安装于各个间隔智能汇控柜中。

2. 配电装备智能化

（1）智能配电一次设备。配电网一次设备是指在配电网中直接用于电能变换、输送、分配和消费所使用的电气设备。通常包括配电变压

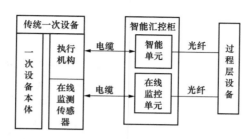

图 5-6   GIS设备智能化方案

器、断路器、负荷开关、隔离开关、自动开关、接触器、母线、架空线路、电力电缆、电抗器、电动机、接地装置、避雷器、滤波器、绝缘子等。

近年来，配电一次设备的升级改造得到大力推广，在提升配电设备的负载承受能力、绝缘能力、负荷开断能力之外，积极采用智能配电一次设备，探索智能配电站点及配电线路建设，取得了良好的效果。

1）推广应用智能配电开关，包括智能环网柜及智能柱上开关。智能环网柜采用一体化设计方案，每个进出线单元均配有控制装置，构成相对独立的自动化开关设备；各控制装置通过通信总线汇总至通信集中器与主站系统连接。环进环出开关均装设有 CVT 电压传感器、相电流互感器、零序电流互感器，能够检测每相电压、电流、母线电压、零序电压、零序电流，有利于提高主干线单相接地故障检出率，也为配电自动化提供更多的采样信息。控制器内置超级电容作为后备电源，避免蓄电池需要定期维护问题。

智能柱上开关通过内置电压传感器及控制装置，可以实现配电自动化功能的就地布置，避免了自动化操动装置的重复改造升级，如图 5-7 所示。集成电流传感器后，还能够对双侧电流信息进行就地采集，辅助配电自动化功能的实现及小电流接地故障判断。

2）开展配网状态综合监测。搭建配电网运行环境综合监测系统，实现配电站点温度、湿度、风速、SF_6 气体、水位等运行环境的实时监测，并通过光纤或无线通信网络，将运行环境实时信息上传至配网运行状态综合监

图 5-7 内置 CVT 电压传感器的柱上断路器

测终端。当配电网的运行环境出现异常时，如变压器周边温度过高或配电站点积水等，布置在现场的传感器可以将报警信号实时上传至监测工作站，并发送到相关运维人员的移动作业终端或短信提醒，实现异常运行工况的快速排除。

同时，系统还能够对配电站点的环境控制系统的运行状态进行监测与远程控制。比如，可以远程实时控制空调的设定温度，从而保证配电站点运行设备所处的运行环境一直保持在一个相对稳定的状态，确保设备运行在最佳的工况。

3）开展配电网运营监测。配电网运营在线监测分析系统主要分为指标计算与存储、指标展现与分析两大模块。可基于设备的每日 24 点负荷情况，及设备的相关信息，计算出该设备的运行效率指标；进而计算出配电网的运行效率指标和协调度指标，如图 5-8 所示。

（2）智能配电二次设备（智能配电终端）。国内配电终端软件支撑平台的软件系统架构方式，经历了从中断加循环的软件结构模式到基于嵌入式实时操作系统软件结构的发展阶段。早期的配电终端由于受 CPU 及存储器容量和处理速度的限制，嵌入式软件只能以常规的中断加循环的模式来处理，随着 32 位 CPU 及 ARM 芯片的大量使用，使得嵌入式实时操作系统软件得以应用，这就大大提高了配电终端软件的可靠性和可重用性。目前，基于嵌入式系统硬件支持、实时操作系统的应用，软件系统架构在设计和

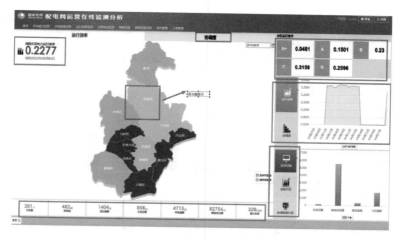

图 5-8　配电网运营在线监测分析系统

实现上，大多基于面向对象思想，分层、分功能模块设计，易于软件版本管理与升级优化。

　　在分布式电源控制与管理层面，可采用 DGM8000 分布式电源接入控制系统、NMC1000 微电网能量管理系统、NMC100 微网运行控制器、NMC101 微网通信控制器、NMP231 微网保护装置、NPQ302 电能质量在线监测装置、NMC602 负荷控制器等先进智能配电终端，实现分布式电源实时监视、分布式电源电能质量监测、分布式电源运行控制、分布式电源控制策略模拟等，以大幅提高清洁能源的消纳能力，如图 5-9 所示。

　　（3）智能巡检装备。除了智能一次及二次配电装备外，智能巡检机器人等智能巡检设备已试点开展，并在保电任务中发挥了重要的作用，大大节约了配电设备巡检的人力，提升了配电设备运维的智能化水平。智能巡检机器人可以全天候对供电设备进行红外热成像、局部放电、实时运行数据等带电检测，全面替代人工实现不间断远程例行巡查。工作人员通过远程传输技术，不仅可以在数公里外的办公室实时掌握供电设备运行状况，还能对智能巡检机器人进行远程操控，针对不同情况的工作需要随时设定不同的巡检周期、巡检内容等，相较以往传统的人工巡检方式，大大提升

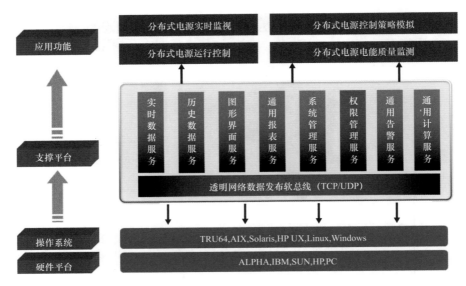

图 5-9　分布式电源实时监控

巡检工作效率和效果。

　　四旋翼无人机、多功能立杆机、应急排水车等智能抢修装备应用在城市电网发生应急的情况下，通过这些智能抢修设备的配合，抢修人员可以快速应对以往难以处理的复杂作业环境，大幅提高抢修工作的效率，实现供电的快速恢复。

 配电自动化

（一）建设阶段

　　配电自动化的发展大致分为以下三个阶段。

　　1. 初级阶段

　　初级阶段即基于自动化开关设备相互配合的配电自动化阶段。该阶段的主要设备为重合器和分段器等，不需要建设通信网络和计算机系统。其主要功能是在故障时通过自动化开关设备相互配合实现故障隔离和健全区

域恢复供电。这一阶段的配电自动化系统局限在自动重合器和备用电源自动投入装置，自动化程度较低，具体表现在：仅在故障时起作用，正常运行时起不到监控作用，不能优化运行方式；调整运行方式后，需要到现场修改定值；恢复健全区域供电时，无法采取安全和最佳措施；隔离故障时需要经过多次重合，对设备冲击很大。

该阶段的配电自动化能够在故障发生时，准确地判断故障区段，并自动隔离故障区段，恢复健全区域供电。采用重合器或断路器与电压时间型分段器配合，当线路故障时，分段开关并不是立即分断，而要依靠重合器或位于主变电站的出线断路器的保护跳闸，使馈线失压后，各分段开关才能分断。采用重合器或断路器与过流脉冲计数型分段器配合时，也要依靠重合器或位于主变电站的出线断路器的保护跳闸，导致馈线失压后各分段开关才能分断。这样做是不理想的，主要表现在以下几个方面。

（1）切断故障的时间较长。

（2）依靠重合器或主变电站出线断路器的继电保护装置保护整条馈线，降低了系统的可靠性。

（3）由于必须分断重合器或主变电站的出线断路器，因此实际扩大了事故范围；若线路上的重合器"拒分"、变电站出现断路器的保护失灵或断路器"拒分"，则会进一步扩大事故范围。

（4）当采用重合器与电压—时间型分段器配合隔离开环运行的环状网的故障区段时，会使联络开关另一侧的健全区域所有的开关都断开一次，造成供电短时中断，更加扩大了事故的影响范围。

总之，该阶段的馈线自动化系统仅在线路发生故障时才能发挥作用，而且不能在远方通过遥控完成正常的倒闸操作。系统不能实时监视线路的负荷，无法掌握用户用电规律，也难以改进运行方式。对于多电源的网格状网，当故障区段隔离后，在恢复健全区段供电，进行配电网络重构时，也无法确定最优方案。

2. 中级阶段

中级阶段即基于通信网络、馈线终端单元和后台计算机网络的配电自动化系统阶段。此时的系统在配电网正常运行时能够起到监视配电网运行状况和遥控改变运行方式的作用，故障时能及时察觉，并由调度员通过遥控隔离故障区域和恢复健全区域供电。

配电自动化主站具备应用支撑平台、DSCADA、故障处理功能和 WEB 发布等基本功能，以及部分扩展功能。

（1）应用支撑平台包括系统运行管理软件、支撑软件、数据库管理、数据备份与恢复、权限管理、告警服务、报表管理、人机界面管理等。

（2）DSCADA 功能包括数据采集与处理、网络拓扑着色、事件告警与处理、防误闭锁、事故追忆和反演、信息分流及分区管理、系统时钟和对时、打印功能等。

（3）故障处理功能根据配电网的运行状态和必要的约束判断条件生成网络重构方案，调度人员可根据实际条件选择手动、半自动或自动方式进行故障隔离并恢复供电。

（4）WEB 发布功能提供 DSCADA 数据及时发布功能，配电运行相关人员通过浏览器能够浏览配电网的实际运行状态，及时对自己管理范围内的设备和本职工作进行调整。

（5）扩展功能包括配网调度管理功能、配网网络分析功能、电网运行分析、解合环操作分析、状态估计、潮流计算、负荷预测、配网仿真、停电管理等，以及拆搭—跳线—短接操作、系统联络图—线路单线图之间的自动对应和同步操作、配电工区责任区管理、红黑图机制等特色功能。

3. 高级阶段

高级阶段即随计算机技术的发展产生的第三阶段的配电自动化系统。它在中级阶段的配电自动化系统基础上增加了自动控制功能，形成了 DSCADA 系统、配电地理信息系统、需方管理、调度员仿真系统、故障呼叫服务系统和"两票"管理等系统于一体的综合自动化系统，以及集变电

站自动化、馈线分段开关测控、电容器组调节控制、用户负荷控制和远方抄表等系统于一体的配电网管理系统。

该阶段的配电自动化是未来配电自动化技术的发展形态，包含先进配电运行控制、先进配电管理等内容。该阶段的配电运行控制完成配电网安全监控与数据采集、馈线自动化、电压无功控制、分布式电源调度等实时运行监测与控制应用功能，以及自愈控制等高级功能；该阶段的配电管理则是基于配用电信息系统的信息交互和信息共享、可视化管理、设备状态监测等技术，实现先进配电自动化生产指挥管理、配网状态检修与设备全寿命周期管理等功能，有效支撑配电精益化管理。该阶段的配电自动化技术特点如下。

（1）支持分布式电源大量接入并将其与配电网进行有机集成。

（2）实现柔性交流配电设备的协调控制。

（3）满足有源配电网的监控需要。

（4）具备实时仿真分析与辅助决策能力，更有效地支持各种高级应用，如潮流计算、网络重构、电压无功功率优化、自愈控制等的应用。

（5）满足分布式智能控制技术。

（6）满足设备状态检修、抢修指挥等配电精益化管理需求。

（7）系统具有良好的开放性与可扩展性，采用标准的信息交互模型与通信规约，支持监控设备与应用软件的即插即用。

（8）各种自动化、信息化系统之间实现无缝集成、信息高度共享、功能深度融合。

（二）建设内容

1. 整体架构

建设配电自动化系统，应首先明确配电自动化系统的整体架构模型，目前标准的配电自动化系统架构如图 5-10 所示。

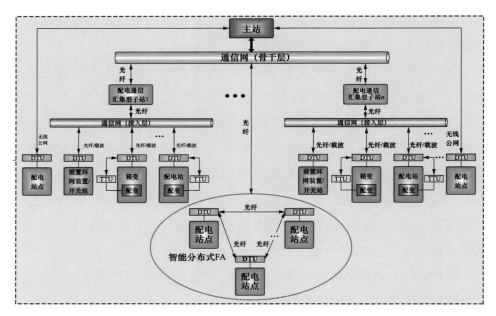

图 5-10　配电自动化系统架构图

2. 故障处理模式建设

(1) 建设原则。应以供电可靠性要求为核心，根据网络结构和自动化终端、通信网建设条件，有针对性的选择故障处理模式。

在 A+、A、B 类供电区域，采取全自动集中式或半自动集中式处理模式。全自动集中式故障处理模式由主站完成配电网线路故障的全自动处理：根据开关跳闸和保护动作信号，启动事故处理；根据线路开关的故障指示信号或者是过流信号、零序电流信号，判断事故发生在哪个区段；进而进行事故区间的隔离；根据隔离后系统的运行方式，查找联络开关，自动进行负荷转供，实现事故的自动处理。在无须人为干预的情况下达到对线路故障段快速隔离和非故障段恢复供电的目的。半自动集中式处理模式，在仅需少量人为干预的情况下实现故障处理策略的制定，同时在人工现场操作的配合下达到对线路故障段快速定位、人工隔离和非故障段恢复供电的目的。

在 C、D、E 类供电区域，可根据实际需求采用就地型重合器式或故障监测方式。就地型重合器式馈线自动化是指发生故障时，通过线路开关间的逻辑配合，利用重合器实现线路故障定位、隔离和非故障区域恢复供电。故障监测方式是指采用"二遥"终端采集、上传线路故障信息，实现对配电线路的故障定位，该方式的主要设备为故障指示器。

（2）建设内容。

1）集中控制模式。集中控制模式主要指全自动集中式和半自动集中式处理模式。通过安装数据采集终端设备和主站计算机系统，并借助通信手段，在配电网正常运行时，实时监视配电网运行情况并进行远方控制；在配电网发生故障时，自动判断故障区域并通过遥控隔离故障区域和恢复受故障影响的健全区域供电系统。配电网故障时实现故障快速定位，故障区域隔离和受故障影响的健全区域供电可以采用遥控方式，配电网正常运行时可监视配电网的运行情况，通过遥控方式改变运行方式。

2）就地控制模式。就地控制包括分布智能式和重合器式。

分布智能式指馈线发生故障后，配电开关对应的智能配电终端根据自身检测到的故障信息和收到的相邻开关的信息，判断故障是否在自身所处的馈线区间内部。只有当与某一开关相关联的一个馈线区间内部发生故障时，该馈线区间的边界开关需要跳闸来隔离故障区域。

重合器式馈线自动化是指发生故障时，通过线路开关间的逻辑配合，利用重合器实现线路故障定位、隔离和非故障区域恢复供电，包括"电压—时间型""电压—电流时间型""自适应综合型"。"电压—时间型"馈线自动化是通过开关"无压分闸、来电延时合闸"的工作特性配合变电站出线开关二次合闸来实现，一次合闸隔离故障区间，二次合闸恢复非故障段供电。"电压—电流时间型"馈线自动化通过在故障处理过程中记忆失压次数和过流次数，配合变电站出线开关多次重合闸实现故障区间隔离和非故障区段恢复供电。"自适应综合型"馈线自动化是通过"无压分闸、来电延时合闸"方式，结合短路/接地故障检测技术与故障路径优先处理控制策略，

配合变电站出线开关二次合闸，实现多分支多联络配电网架的故障定位与隔离的自适应，一次合闸隔离故障区间，二次合闸恢复非故障段供电。

3）故障监测方式。故障监测方式最简单，也最容易实现，造价低。采用"二遥"终端采集、上传线路故障信息，线路运行监控人员或现场运行人员通过故障信息对配电线路的故障进行定位，该方式的主要设备为故障指示器。故障指示器安装在配电线路上，用于检测线路故障，可监测线路负荷等信息，具有就地故障指示或同时具备数据远传功能的一种监测装置，分为就地型和远传型。就地型的只有采集单元，只能采集线路负荷等信息同时能将采集的信息上传至汇集单元。远传型故障指示器由采集单元与汇集单元组成，汇集单元与采集单元配合，通过无线、光纤等方式接收采集单元采集的配电线路故障、负荷等信息，并能上传信息至主站，同时可接收或转发主站下发的相关信息单元。故障监测方式应用的故障指示器主要为远传型。

3. 主站系统的建设

（1）建设原则。配电主站应根据配电网规模和应用需求进行差异化配置，依据《配电自动化建设改造标准化设计技术规定》（Q/GDW 625）规定的实时信息量测算方法确定主站规模。配电网实时信息量主要由配电终端信息采集量、EMS系统交互信息量和营销业务系统交互信息量等组成。

1）配网实时信息量在10万点以下，宜建设小型主站。

2）配网实时信息量在10万～50万点，宜建设中型主站。

3）配网实时信息量在50万点以上，宜建设大型主站。

配电主站宜按照地配、县配一体化模式建设。对于配网实时信息量大于10万点的县公司，可在当地增加采集处理服务器；对于配网实时信息量大于30万点的县公司，可单独建设主站。

（2）建设内容。主站建设应有助于提升实用化相关指标，重点为配电主站运行率，同时辅助提升包括终端在线率、遥控使用率、遥控成功率、遥信正确率、馈线自动化正确动作率等在内的实用化指标。主要对现有主

站进行升级改造，建设新一代主站系统；同时总结经验，着手开展有需求地区的配电主站建设。配电自动化主站系统如图 5-11 所示。

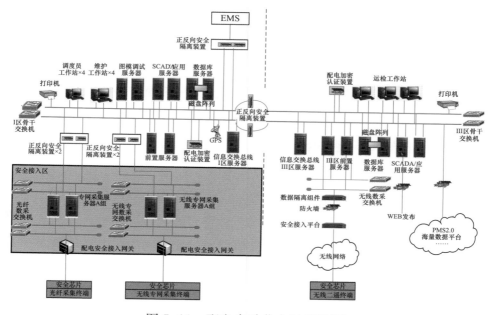

图 5-11　配电自动化主站系统图

4. 站点选择及终端配置

（1）建设原则。配电自动化终端建设按照"经济适用、差异区分"的思路，对不同供电区域采取不同的站点选择及终端配置方法。

A＋、A 类地区重点开展管理升级工作，辅以配电自动化建设。在实施配电线路网架优化、全自动故障处理模式建设、优化计划停电、提升管理的基础上，一般应在主干线路架设不少于 3 个自动化分段开关，将线路分成至少 4 段，每段负荷尽量均衡。对负荷分布不均匀、分段点设置不够、联络点设置不合理的环网线路进行优化，形成多分段、适度联络。用户数量较少的线路不再分段，可以完善联络；轻载线路在不降低可靠性的前提下，考虑与相邻线路合并，提高设备利用率。满足可靠性要求的前提下，计算"三遥"站点的数量，主要在线路分段点及联络点配置"三遥"终端，

其他站点配置"二遥"终端。

B类地区主要为区县政府所在地和产业开发区、工业园区，其政治和经济重要性对供电可靠性提出了更高要求。应适度提高建设标准，全面面向远景目标。B类地区中应在充分调研用电需求和负荷特性的基础上，依托网架建设，按不同园区对于供电的可靠性需求，通过自动化成效分析和技术经济比较，制定相应的配电自动化配置标准，提供个性化的高可靠性供电方案，特别是支持预期的分布式能源接入。线路分段点及联络点配置"三遥"配置终端，其他站点配置"二遥"配置终端，无联络线路分段点和架空无联络大分支配置"二遥"配置终端。

C、D、E类地区应首先解决配电网"盲调"的问题，在此基础上，结合新农村电气化建设和农村新经济模式下电力需求特征分析，探索小城镇供电模型下的配电自动化实现方式，研究农村配电网的配电自动化实现方式，并支持预期的分布式能源接入。线路分段点、分支点、用户分界点以"二遥"为主，经分析后联络点辅以少量"三遥"终端。

（2）建设内容。配电自动化终端是安装在配电网的各种远方监测、控制单元的总称，完成数据采集、控制、通信等功能。馈线终端（FTU）安装在配电网馈线回路的柱上等处的配电终端，按照功能分为"三遥"终端和"二遥"终端，其中"二遥"终端又可分为基本型终端、标准型终端和动作型终端。站所终端（DTU）安装在配电网馈线回路的开关站、配电室、环网柜、箱式变电站等处的配电终端，按照功能分为"三遥"终端和"二遥"终端，其中"二遥"终端又可分为标准型终端和动作型终端。基本型"二遥"终端，用于采集或接收由故障指示器发出的线路故障信息，并具备故障报警信息上传功能的配电终端。标准型"二遥"终端，用于配电线路遥测、遥信及故障信息的监测，实现本地报警，并具备报警信息上传功能的配电终端。动作型"二遥"终端，用于配电线路遥测、遥信及故障信息的监测，并能实现就地故障自动隔离与动作信息主动上传的配电终端。

四　智能通信网

（一）建设阶段

初级阶段：智能通信网的建设重点是以电力系统一次发展规划为基础，加强光纤基础设施建设。结合通信网网络结构的特点和通信需求，完善优化网络结构，提高传输网的可靠性，大力发展业务网和支撑网，扩大数据通信网络覆盖范围，实现网络拓扑结构的合理性。终端通信接入网采用无源光网络、电力线载波、无线等传输手段，为多元化多样化业务提供便捷的接入，利用不断涌现的各种通信新技术，为城市电网的发展提供良好契机。

中级阶段：需要进一步发挥科技进步力量，通信技术与电网技术深度融合，实现电网感知、调度运行、智能决策支撑的优化和提升，极大地推动一流城市电网的建设进程。

高级阶段：建设重点是加快发展应用光纤、移动、卫星、量子通信技术，基于专网、公网融合的电力虚拟通信网体系架构，结合已有电缆、光缆等电力通信技术，与相干长站距、4G/5G、卫星通信技术、公共频段组网技术相结合构建通信网络体系，为世界一流城市电网提供技术支撑。

（二）建设内容

城市终端通信接入网通过与骨干通信网互联，实现10千伏通信接入网信息业务的上传。骨干通信网络，一般采用光纤传输网方式，实现通信数据在110千伏、35千伏变电站的汇聚，在变电站设置OLT，从而将信息上送给配电自动化主站。10千伏通信接入网络，通过在配电站点设置ONU、载波机、无线终端装置等，向下和DTU等配电终端相连，从而实现配网自动化系统的信息传送功能。

1. 光纤通信建设方案

光纤通信是城市电网通信网建设的主要通信方式，有条件建设光缆的，应尽可能采用光纤通信方式。城市电网主干光缆建议采用 48 芯以上，光缆同一纤芯开断不应超过 8 处，否则适当增加主干光缆芯数。接入和终端光缆根据接入信息点的情况，采用不少于 24 芯光缆。

在光缆建设过程中，主干光缆应接到 35 千伏、110 千伏、220 千伏汇聚点中；主干光缆路由主要依靠可敷设光缆的电力电缆沟走向或主干路由，形成若干区域，各区域的配电节点今后以就近原则接入到主干光缆中；光缆开断点应设置在配电室或开关站等施工方便、有安全保障的区域。

城市终端通信接入网组网如图 5-12 所示。

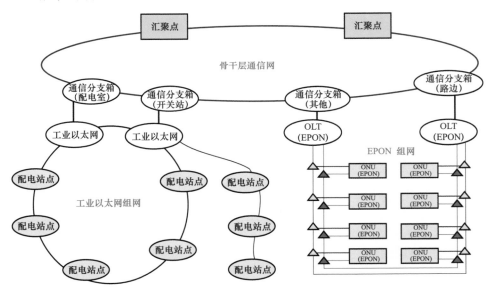

图 5-12 终端通信接入网组网图

采用光缆方式时，可选择的通信技术主要是 EPON 和工业以太网。EPON 组网方式分为环形接入和链形接入两种方式，工业以太网组网方式分为手拉手接入和链形接入两种方式。EPON 网络和工业以太网尽可能采用环形接入或手拉手接入，以提高网络可靠性。

（1）EPON 组网方式。

1）EPON 即为无源光网络，EPON 组网接入方式为适应无源光网络的一种光缆接入方式。即规划一条汇聚光缆接入到主干光缆中，其余所有节点分别采用分支方式接入到光缆中。环形接入方式组网图如图 5-13 所示。

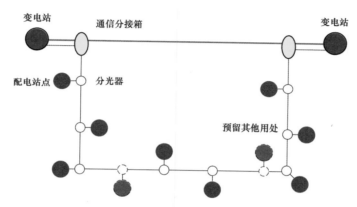

图 5-13 EPON 环形接入方式组网

2）EPON 链形接入方式即为简化的 EPON 环形接入方式，定义为只接一侧，另一侧不接，从而形成一条链状网络。链状接入一头应接入骨干光缆中。链形接入方式组网图如图 5-14 所示。

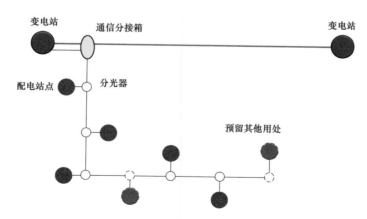

图 5-14 EPON 链形接入方式组网

(2) 工业以太网交换机组网方式。

1) 工业以太网交换机手拉手光缆敷设即为把所有配电站点通过串联的方式接入所有配电站点，两头分别接入骨干光缆中，接入到汇聚点中。工业以太网手拉手接入方式组网图如图 5-15 所示。

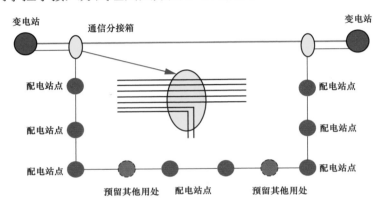

注：解口点应较为集中，设置在条件较好的配电站点。

图 5-15　工业以太网手拉手接入方式组网

2) 工业以太网交换机链形接入方式即为简化的手拉手方式，定义为只接一侧，另外不接，从而形成一条链状网络。链形接入一头应接入骨干光缆中。工业以太网链形接入方式组网图如图 5-16 所示。

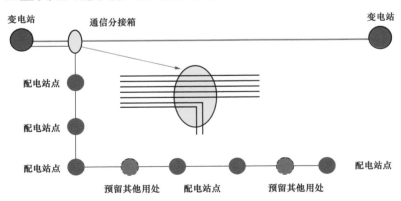

注：解口点应较为集中，设置在条件较好的配电站电。

图 5-16　工业以太网链形接入方式组网

EPON 技术、工业以太网交换机均适用于配电站、配电室环境，其应用条件为光纤资源可到达的地点。以环网、链路等多种组网模式，网络拓扑对线路变化的适应能力较强，主要支持光纤、工业以太网接口；支持通信网管。通信速率在 100 兆以上，满足"三遥"，甚至遥视带宽要求。稳定性较好，不受干扰，通信质量稳定。

2. 无线公网建设方案

无线公网方式在支线或架空开关、室外配电箱等无线信号良好且仅实现"二遥""一遥"功能的配电网点应用。采用无线公网方式要求满足调度二次安全防护原则和信息安全保障原则。无线公网组网图如图 5-17 所示。

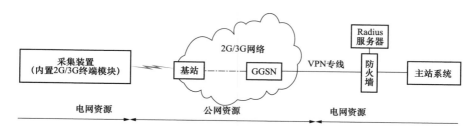

图 5-17　无线公网组网图

2G/3G 终端模块和各供电公司主站系统认证服务器间的数据通信须通过 VPN/APN 专线方式。2G/3G 终端采用静态 IP 的方式，终端预置 IP 地址，并保持不变。

3. TD-LTE 无线专网建设方案

TD-LTE 无线网络架构图如图 5-18 所示。

TD-LTE 网络的建设，实现了技术应用的创新。其最大的特点为，创新性应用物联网技术与智能电表相结合，将表计数据直接上传到主站，极大地提高了电能信息采集的实时性，实现了 15 分钟频度的准实时数据采集。

基于物联网的用电信息采集也实现了业务管理的创新。提高了表计部

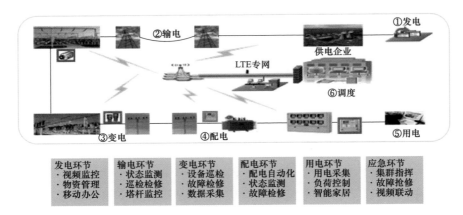

图 5-18　TD－LTE 无线网络架构图

署与接入效率，提升了客户业务办理便捷性；提升了充值缴费全流程效率，增强了客户用电服务体验度；增强了电能数据采集实时性，推动了精准化客户用电管理；支撑了表计运行状态的实施监控，加强了资产全寿命周期管理能力。

用采业务的管理创新也将支撑多表合一的业务部署，可实现水表、煤气表等表计数据灵活、快速与经济的接入；促进综合能源的管理服务，通过基于云平台的分析和管理服务，可在用户侧快速经济部署用能数据采集装置，提升能效管理服务的灵活性，并支撑实现智能家电的用能数据精确采集，支撑拓展智能家居服务产品；推动数据的增值服务，可支撑高精度用电数据的用户用能策略分析服务，并支撑在大数据挖掘的数据分析服务等方面实现商业模式的创新。

五　信息化支撑平台

（一）建设阶段

初级阶段：建设电网资产管理信息系统，实现设备管理向电网资产管理转变，支撑资产全寿命周期管理，促进公司生产管理精益化水平提升。完成营配贯通，数据融合，强化营销、运检、调控的专业协同。

中级阶段：建成基于 GIS 地理信息系统支撑客户服务、线损分析、微网发展领域的高级应用，包括线路负荷展示、线路线损展示、防窃电展示、台区负荷展示等。在营配信息融合基础上建成配电生产抢修指挥平台，切实提高故障处理速度，提高供电满意度。

高级阶段：建设大数据平台，提高数据挖掘处理能力。提升对数据中心共享与融合的支撑水平，进行全局建模，整体架构设计，优先实现结构化数据的统一管理、统一服务访问、统一资源调度及数据质量检测。

（二）建设内容

1. 营配贯通（PMS 系统与营销 MIS 系统）

生产系统和营销系统各自维护数据，则会造成双方数据不完全一致，无法体现"全网一张图"的理念，阻碍各业务信息融合的步伐，影响一些综合应用的开展，如图 5-19 所示。

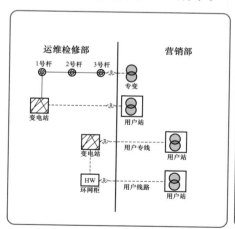
（a）

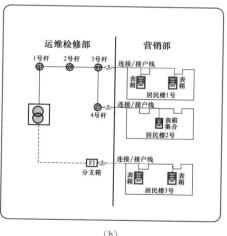
（b）

图 5-19 传统配电网运检与营销管理界面

（a）中压数据运维界面；（b）低压数据运维界面

营配协同的应用建设按照支撑营配数据治理、支撑全业务上收，支撑营销运检工作协同等三大目的，开展故障报修/抢修、计划停电管理、线损分析等八项应用建设。主要建设内容见表5-3。

表5-3 营配贯通任务清单

应用分类	建设内容
故障报修/抢修	客户故障地址准确定位：根据户号、地址等信息，依托结构化地址库，准确定位用户故障地址
	客户停电类型研判：根据结构化地址中的小区或行政村与配变的关联关系，自动判断是否在停电受影响用户范围内，智能判断是否属于计划停电或重复故障报修，如属于计划停电或重复故障报修时自动转为咨询工单。实现客户报修位置、抢修资源可视化定位、信息集成展现，已知计划（故障）停电关联及自动回复，提升集中运营效率
计划停电管理	根据生产推送的停电信息，自动分析停电影响区域和影响用户，并将相关信息及时反馈
配网故障研判	通过配变运行信息、客户报修信息，开展配电网运行、监控和客户故障报修综合研判，提高故障查找定位准确性及效率
线损分析	通过营配贯通实现站—线—变—户线损层级管理，并根据电网设备异动情况，自动更新线损计算模型，提高线损计算准确性
辅助业扩报装	根据现有网架及配变容量、线路负荷的情况，为客户报装提供最优的参考电源接入点信息，实现辅助业扩供电方案的制订，为供电方案制订人员和现场勘查人员提供可视化的信息支撑，提高工作效率
台区改造大修	根据配变运行工况实时监控，分析台区负载情况，自动发起台区调压、调相及大修改造建议
配网规划	根据客户报装发展趋势，预测区域负荷增长情况，自动发起变电站、线路新建及改造建议
供电质量管理	实时分析专变与线路、低压客户与台区出线的电压质量与无功平衡情况，提出电压质量改善建议及无功就地平衡建议

在营配信息整合方面可开展以下创新性工作。

（1）构建配电网全网数据。生产系统和营销系统按照各自的业务特点对配电网数据进行合理切分，生产系统侧重电网结构，负责构建网状中低压配电模型，营销系统侧重用户管理，负责构建用户信息，两者在中压专变/大用户及低压用户接户点发生耦合，供电公司负责对这两个模型耦合点（用户集）进行统一编码管理，即形成涵盖中压、低压一直到用户的完整配电网模型，实现源端维护，全局共享。

（2）基于完整配电网信息集成的互动化应用。互动化应用需要突破安全区隔离问题，通过 SOA 技术将分别属于安全 I 区和Ⅲ区的系统耦合，实现例如抢修平台、信息查询等具体应用；实现生产业务流与相关信息流的同步，诸如在计划停电或事故停电实时的停电信息及时反馈给营销客户坐席，满足客户询问的需求；同时将计划停电或故障停电对用户的影响进行准确统计，具备将相应的停电事件及时精确的通知客户的能力。

2. 配网智能化抢修指挥平台

在营配信息融合基础上建设配电生产抢修指挥平台，切实提高故障处理速度，提高供电满意度。配电生产抢修指挥平台体系架构如图 5-20 所示，以生产和抢修指挥为应用核心，遵循 IEC 61968、IEC 61970 等国际标准，以充分利用现有各信息系统的数据为原则，融合调度自动化、配电自动化信息、PMS、GIS、CIS、用电信息采集信息、视频信息实现计划管理、故障管理、图形化辅助决策支持、抢修指挥、风险预警与管控等应用，充分发挥配网抢修指挥机构信息汇集、统筹指挥、统一调配的作用，全面提升配网抢修专业化管理水平、提高供电可靠性、提升优质服务质量。

通过符合 IEC 61968 标准的数据交互总线与相关业务系统以 SOA 技术耦合方式集成，封装数据和功能以服务的方式在总线上发布，信息交互标准遵循 IEC 61970、IEC 61968 规范，做到业务数据"源端唯一、全局共享"，在信息融合贯通的基础之上，实现配电生产和抢修的综合应用。

对于故障停电，通过定位，可以在地理图上高亮展示其对应设备所在

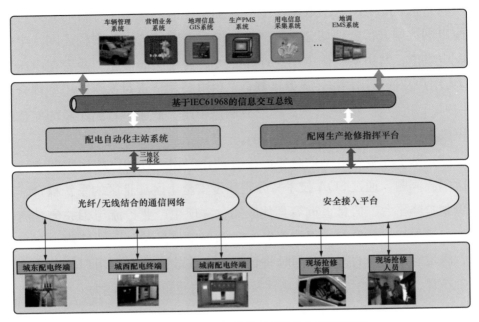

图 5-20　配电生产抢修指挥平台系统架构

位置及影响用户，细化到用户所在的建筑物边框，并可直观从停电范围图像上显示计划停电时间及预计恢复时间，如图 5-21 所示。

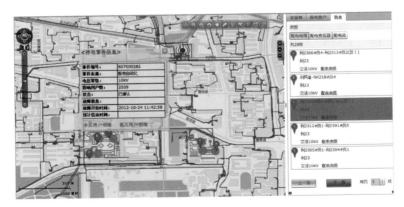

图 5-21　实现故障停电范围的自动研判

基于移动作业平台技术的在线手持终端，与抢修业务流程紧密联系，通过无线 3G 网络，实现调度主站与抢修现场 PDA 手持终端的实时信息交互，并能够通过移动作业平台访问 GIS 服务，在 PDA 上看到地理图信息，如图 5-22 所示。移动作业平台能够将系统、人员、手持终端设备三者进行匹配，并在终端上加入信息安全芯片，保证通信过程中的安全性。图 5-23 为配电生产抢修指挥平台业务流程。

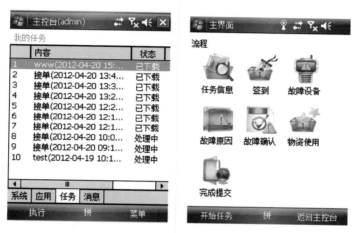

图 5-22 抢修人员通过 PDA 实时接单

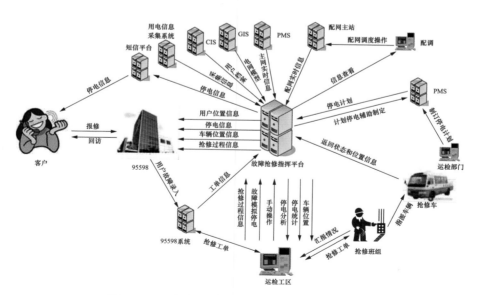

图 5-23 配电生产抢修指挥平台业务流程

3. 配网全过程运维管控平台

配电网智能化运维管控平台体系架构如图 5-24 所示。平台建设围绕设备状态管控、运维管理管控、运检指标管控三方面，形成"运行管控、问题分析、过程督办、绩效评估"的闭环流程，实现数据驱动运检业务的创新发展和效率提升，全面推动运检工作方式和生产管理模式的革新。

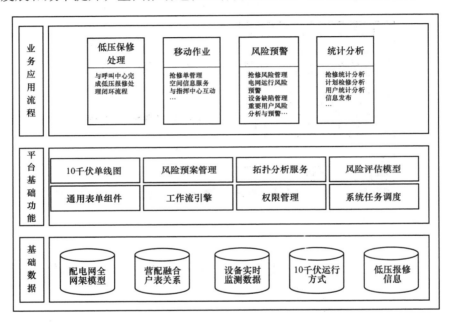

图 5-24　运维管控平台系统架构

以提高供电可靠性和优质服务水平为目标，依托一级部署的配网生产抢修指挥平台现有建设成果，综合 PMS2.0 配网运维管控模块功能规范整合提取各业务系统纵向专业数据，基于网格化管理理念，开展大数据共享的配网全过程管控平台建设。平台建设以"横向协同、纵向贯通、末端融合、网格化管理"为总体思想，遵循"基础数据一个源头、业务流程一套标准、全网一张图形"的设计理念，坚持全业务协同、分层分区、流程闭环、数据开放、整体设计、分步实施的建设原则，以问题为导向提升需求，从业务的全局优化角度进行系统设计。通过横向集成各个业务系统电网运

营信息与业务流程，纵向深化主配用电网建模与数据抽取，采用聚类分析、关联分析、特异群组分析等大数据挖掘技术打造具备"可靠、灵活、互动、高效"特点的配网全过程管控平台。

配网全过程管控平台横向整合调度自动化、配电自动化、调度 OMS、电网 GIS、生产管理系统、营销管理系统、用电信息采集系统、业扩互动平台等业务系统运行数据，以不干预原有系统的业务流为前提，在现有各业务系统中提升各专业数据，在平台中集成共享涉及规划、调度、运检、营销和安监等专业部门的数据。形成系统概况、规划建设、运检管理、客户服务、运营管理等五大功能应用模块。

在集成方式上，可以通过信息交互总线实现生产管理信息系统（PMS2.0）、调度自动化系统、配电自动化系统、营销管理系统、用电信息采集系统等业务系统信息集成和交互，并对基础管理数据进行深度的挖掘和整合，实现配网"大数据"应用。

平台以配电网运行数据信息为基础，以深入挖掘配电网运行数据信息为手段，以运检管理报表和任务工单为主要表现形式，以实现对配电网运行检修工作的科学管理和指导的目标。全面深化专业间的纵向贯通和横向融合，构建以可靠性为导向的配网建设模式和以客户服务为导向的配网管理模式，基于用电客户"分级分域"，实现数据分析"网格化"，运维管理"差异化"的配电运维管控新模式，进一步提升日常工作效率和优质服务水平。

 六　智能用电

（一）建设阶段

初级阶段：智能用电需要大力推广以用电信息采集为支撑的远程充值、查询等互动化服务业务，强力支撑其他专业对用电信息采集数据的应用需求。充分挖掘和发挥现有技术、管理优势，积极构建适应售电侧放开的计

量业务新模式，提升优质服务水平和服务能力。深化"多表合一"建设，让广大百姓体会到多表合一带来的便捷性，强化与水、气、热及相关表计生产厂家的沟通合作，实现合作企业共赢局面。

中级阶段：发展高级量测系统及终端，提升需求响应与用能管理能力，搭建智能用电互动化综合性支撑平台，实现用户可视化管理。

高级阶段：建设基于物联网的智能用电服务系统是智能用电高级阶段的核心内容。根据无线传感网、信息物理融合系统建立的智能服务系统，能够对海量的信息数据进行快速、多样化提取分析；建立的大数据处理分析系统，能够充分挖掘数据蕴含的价值，能够收集到海量的购电交易、评论、用电量等用户行为数据，与其他外部数据源进行整合，形成城市电网的全景大数据。高级阶段还需要深化建设智能用电小区，满足分布式电源应用、电动汽车储能、应用绿色能源、信息互动服务、营销互动服务、电能量交互服务、用能互动服务等，是构建智慧城市的重要部分。

（二）建设内容

1. 智能电表与用电信息采集系统

（1）智能电表换装。加快智能电表的换装速度，加强用电信息采集系统硬件配置，实现计量点采集覆盖率达到100%。

（2）提升用电信息采集系统的通信支撑平台。以互联网、物联网技术融合为基础，应用宽带电力线载波、光纤到表、GPRS、LTE、RF Mesh、ZigBee等先进的通信技术，提高实时通信可靠性，提高通信速率。研究IPv6在高级量测体系方面的应用，构建开放式和标准化的基础通信架构。实现在同一通信平台上统一接入智能电能表及非表计设备，强化对新业务的扩展能力，降低建设和运维成本。实现端到端的通信模式，为智能电网用户侧的互动提供巨大的网络承载能力。

（3）增强智能用电互动化支撑能力。以大数据、云计算、互联网、物联网技术融合为基础，深度挖掘客户互动化服务需求。完成直接双向交互

智能电能表研发，研制可支持双向通信、开放网关的新型嵌入式通信模块，研究基于信息安全的智能电能表数据接口开放策略，制定支持双向互动的通信协议。积极开展双向互动技术试点应用，修订完善相关技术标准。研究电、水、气、热表的一体化数据采集技术方案，支撑公共服务行业代抄代收商业模式拓展。研究智能电能表安全技术，在双向互动的基础上，保障用户用电安全、智能电能表数据安全和信息通信安全。

（4）深化用电采集系统数据应用。应用大数据、云计算等技术，不断提升用电信息采集系统主站数据存储、处理功能。广泛收集电能质量在线监测、有序用电、故障研判、线损管理、可靠性管理等应用需求，制定采集数据共享应用策略。全力支撑电能质量在线监测系统建设，完成专公变终端停电事件和 B、C 类电压监测点数据采集任务。

（5）开展计量装置在线监测与智能诊断。制定高、低压客户智能电能表和采集终端的事件采集策略，增强采集主站的智能诊断模型，智能甄别处理海量事件数据，实现计量装置远程监控和故障诊断，推进状态轮换与状态检测。

2. 营配贯通

（1）改造系统支撑平台。对电网 GIS 平台、营销系统进行适应性改造。在营销系统中完善营销业务系统客户名称等信息维护功能。在电网 GIS 平台中，增加空间地理信息维护环节和营销系统中设备与电网 GIS 平台电网设备关联关系的动态维护功能；完善电网 GIS 平台的低压电网管理功能，实现台区低压电网图形建模、电网 GIS 平台的电网设备维护功能。

（2）开发数据采录工具与数据质量管控工具。开发智能终端现场采录工具，实现统一的用户、设备及基础数据、关联数据的采录，利用智能终端，主动推送工作任务，智能化、自动化地完成现场采录、核查工作，并自动回传到系统。梳理及分析采录治理的关键数据质量指标，开发营配贯通数据质量管控平台，利用信息技术手段制定数据校验规则，筛选出采录治理过程中的问题数据并进行展现及统计分析。

（3）开展营配设备异动管理。为了使营配的增量数据能够实时同步，

营销系统和 PMS 需要进行营配变更集成改造，主要包括营销系统高压设备异动（主要指高压用户专用配变、专用线路）及低压设备异动（计量箱异动）。低压台账维护模块，低压设备与营销全贯通流程；电网 GIS 平台变电站、线路、公变信息发生异动时，将异动信息与营销系统全面贯通；低压设备相关档案，公变台区下的低压线路及其附属设备信息以 PMS 系统中为准，低压用户、低压计量箱等信息以营销为准。

（4）深化营配贯通业务应用。开展客户报修定位、配网故障研判指挥、停电分析等业务协同集成应用。客户服务座席通过户变关系，快速判断定位客户报修是否属于已知故障范围、计划停电范围，实现客户报修位置、抢修资源可视化定位。抢修调度人员通过用电信息采集系统信息、客户报修信息，开展配电网运行、监控和客户故障报修综合研判，优化抢修资源调度，提高故障查找定位准确性及抢修效率。

3. 能效与需求侧管理

（1）加快电能服务管理平台建设和应用。建设电能服务管理平台，为开展需求侧管理提供必要的技术管理手段。通过政府鼓励、引导企业通过应用现代电能管理服务平台来提升需求侧电能管理水平，有效削减负荷。

（2）加强能效服务小组建设。加强能效服务小组建设，以电能服务管理平台为信息化支撑，以能效服务小组为切入点，推动各地节能服务公司开展社会化节能项目，逐步提高节能公司社会化节能项目占比。

（3）加快节能公司发展。加大对各地节能服务公司的支持力度，完善节能公司组织结构，加强节能专家团队建设。通过依托电能服务管理平台，实施一批节能示范工程，扩大节能公司在社会上的知名度和影响力。最终打造项目储备充足、技术实力雄厚、影响力深远的节能服务公司。

（4）自动需求响应系统建设。自动需求响应牵涉面广，不仅集成计算机技术，而且涵盖底层传感设备技术。二者相辅相成，缺一不可。根据不同功能需求进行开发，有针对性地进行设备选型利于工程的实施开展。

4. 用户互动

（1）建设一体化智能互动服务平台。构建基于 GIS 的一体化智能互动服务平台，支持对自助服务终端、智能手机、家庭智能终端、车载智能终端等新型渠道的接入支撑；为各类渠道提供统一的信息共享、信息管理、信息发布及消息推送服务。实现手机客户端、微信、电力自助服务终端、有线电视的统一接入和标准化、互动化服务。

（2）开展多元化互动服务渠道建设。以营销智能互动服务平台为基础，在巩固发展智能实体营业厅的同时，同步开展以电力自助终端、互联网及家庭智能终端、微信、手机客户端、网站等项目实施建设，构建虚拟互动营业厅。逐步实现故障抢修进程通知、业扩报装、售电交费、信息订阅、政策宣传、综合查询、智能故障报修等业务 7×24 小时自助化、互动化服务。

（3）加强互动服务保障体系建设。建立渠道管理制度、评价体系及管理流程，通过人员、制度共同作用保障互动服务的同质、优质。基于一体化缴费接入管理平台，采用先进、自动化技术手段，建立互动渠道网络拓扑，集中管理互动服务渠道的运行维护、故障监控、报修、处理、分析等业务，实现对渠道、终端及交易平台的全方位、全天候监控及自动检测。开展一体化缴费接入管理平台深化应用实施工作，建立综合的可视化管理视图。

（4）开展互动服务新模式与基础性技术研究。为全面支撑实时充电缴费、双向结算等新型营销业务的建设管理与推广应用，提升电费收缴能力，增强营销自动化水平，并基于客户互动及电动汽车、分布式电源等用电新业务需求，开展新业务互动服务模式创新研究，不断完善拓展服务渠道与服务方式。基于不断积累的互动服务数据，开展大数据存储、分析，深入挖掘数据潜在信息价值，为渠道发展、渠道管理及未来客户互动服务发展预研基础技术。

（5）推广智能用电互动试点应用。综合考虑城市用电紧张、电力光纤到户、智能小区、智能楼宇及用电信息采集系统项目的实施情况，在有需求的城市选择具有代表性的区域作为试点，扩大智能用电试点范围。建设用电数据分析后台系统、提升数据分析价值。

5. 客户满意度提升

(1) "内强电网"与"外重预警"齐头并进。积极进行农网再改造,确保"零遗留",使农村客户也能持续安全用电。加强电力设施保护组织,加大对窃电、盗窃电力设施等行为的打击力度,维护用电秩序,保障电网安全、正常运行。积极建立完善的预警机制,做到事前预警、事中跟进、事后回访,确保客户能清楚每次停电处理的全过程,避免因不知恢复供电情况而产生抱怨。

(2) 加强抢修服务规范,重视服务过程管控。从开展相关宣传活动、完善培训体系、过程监控等三个方面加强抢修服务规范,使工作人员重视服务的过程。

(3) 及时把握客户需求,实现投诉全流程管控。首先,成立投诉处理专家组,使其能更迅速、准确把握客户需求,并能找到类似处理案例进行对比参照。其次,加强部门协同工作,优化并完善客户服务远程工作站跨专业、跨部门业务处理流程,实现事前预警、事中管控、事后监督的闭环管理。当投诉事件发生和结束时,工作人员记录详细信息,确保信息传递的及时、准确、详细,避免出现工单回退、工单错误、工单延时等现象。

七　清洁能源消纳

(一) 建设阶段

初级阶段:城市清洁能源初步开发阶段,清洁能源开发消纳的要求较少,城市电网基本满足消纳要求。电能替代技术处于推广应用阶段,电能替代的应用将主要集中在政府对社会关注度较高,降低能耗减少碳排放需求突出的领域应用,如交通、排放物多的工业企业等,而在一些针对个人市场的应用上,主要推广电采暖、家庭电气化等。

中级阶段:清洁能源开发利用技术和发展速度加快,对电网消纳能力提出更高的要求。电能替代技术不断进步,电能替代的技术发展和标准化

程度进一步加深，技术环境逐步成熟，市场对于电能替代的接受度有了一定程度的提升，电能替代在重点行业已经具备一定经验。随着电能替代技术的应用，电能占终端能源消费的占比进一步上升。

高级阶段：清洁能源开发利用达到平稳发展时期，电网技术不断发展，具备较好的清洁能源的消纳能力。电能替代技术发展成熟，在各个领域的应用更加广泛。

（二）建设内容

1. 实施电能替代

（1）建设电动汽车智能充换电服务网络。充分发挥电动汽车零排放、无污染的环保优势，进一步推动全社会的推广应用。形成布局合理、使用便捷、完善高效的智能充换电服务网络。

1）建设城际快充网络，在高速公路建设快充网络。除实现高速公路服务区快充站的全覆盖之外，随高速公路服务区的建设同步建设快充站，打造方便、快捷的高速公路快充网络。

2）城市公共快充网络建设，在城市主要道路、主干道沿线建设充电站点，打造便捷、高效、安全的市内充电骨干网络。根据电动汽车运行及驻停的规律特点，在机场、火车站、城市P＋R停车场、大型商超、文体场馆、旅游景点、公交场站、医院学校、大型居住区等热点点位，建设充电设施，方便电动车出行充电。

3）专用充电设施建设，按照盈利和政策支持的原则，专用充电设施主要包括公交车充电站、出租车充电站、环卫车充电站及公务车充电站。

（2）推广电采暖、电锅炉、热泵等电能替代技术。

1）推广电蓄冷（热）应用。用足用好电蓄冰用户降低低谷时段用电价格的政策，重点在商业楼宇推广电蓄冷（热）项目。

2）推广电锅炉应用。重点排查、淘汰能耗高、效率低的燃煤小锅炉，在宾馆、商场、医院等公共场所实施"示范性强、经济效益好、推广效果

佳"的电锅炉替代燃煤锅炉示范工程，满足其供暖、热水需求，形成宣传效应，争取政府出台更大力度的电锅炉替代燃煤锅炉的支持政策。

3）推广地源热泵应用。地源热泵系统比传统燃煤锅炉节能 30％以上，比传统中央空调节能 50％以上，大大减少燃煤对大气环境的污染。在商业楼宇、成片居民小区等推广地源热泵，满足供暖（制冷）的能源需求。

4）在重点园区等新建和改扩建的项目中，因地制宜推广电蓄冰（热）、热泵等技术，发挥率先垂范作用。

（3）推动交通领域电气化，做好配套供电建设。积极推动轨道交通领域电气化应用，一是支撑电气化铁路建设，二是支撑城市地铁建设。在确保电网安全运行、规范电网接入的基础上，结合电气化铁路和城市轨道交通网络建设规划，主动做好供电电源和供电服务设施建设，积极推动交通领域电气化，提升城市发展品质。促进交通行业领域能源的高效利用，让更多百姓享受绿色低碳出行。实施港口岸电工程，为停泊在港口码头的船舶供电，以及应用电动装卸工具，船舶在靠港期间关闭船上的燃油发电机实现"以电代油"。

（4）推广家庭电气化，倡导居民低碳生活。家庭电气化是以电能代替其他能源，让电能更广泛地应用于家庭生活中的各个角落，实现厨房电气化、家居电气化和洁卫电气化。广泛使用各种家用电器，无须大花费，采用电能替代其他低效率、高污染能源，提高电能在终端能源消费中的比重，即可享受便捷电器给现代生活带来的新改变，让我们轻松拥有清新洁净的家居环境和真正绿色健康的生活。

一是提高农村家用电器拥有率，提升生活电气化水平，改善居住环境和卫生状况。主要替代的设备有电炊具、电热水器等。加大对农村地区"煤改电"安全性、舒适性的宣传力度，推动"煤改电"采暖和电炊具的使用，让农村逐步告别烧柴烧煤做饭取暖的生活。

二是加强与房地产开发商的沟通协调，推动房地产开发商在新建住宅建筑中推广应用电采暖、家用设备的力度，让生活变得更加清洁、便捷、经济，倡导"零排放"低碳家庭生活。

（5）推动建筑节能改造，提升能源效率。

1）支持、欢迎、服务分布式光伏项目并网。为分布式光伏发电项目提供接入系统方案制订和咨询服务，免费提供关口计量表和发电量计量用电能表等。

2）实施中央空调改造。在大型公建、商务办公楼宇、高档住宅小区等场合利用智能减载、水泵/风机变频等技术，依据外界气温变化和室内需冷（热）量的变化实时调整水泵/风机的转速和压缩机工况，从而达到既舒适又节能的目的。

3）绿色照明应用。在道路、商店、办公室、工厂等场所应用高效节能灯（如 LED 灯、金属卤化物灯）替代传统低效灯（如普通白炽灯），可实现照明节电 60%～80%。

4）太阳能空调（制冷、供暖及热水）应用。在光照条件好，屋顶资源丰富，冷、热负荷需求较大的商业楼宇、学校、医院等建筑推广利用太阳能，辅以清洁电能，实现安全、可靠制冷、供暖及供应热水功能，电力削峰和节能效果明显。

典型案例

1）项目概述。

天津大悦城购物中心位于天津内环核心区域，和平区和南开区交界处，为中粮集团斥资 50 亿打造的商业地产项目，于 2011 年底建成，建筑面积 27 万平方米，供热面积达到 42 万平方米。有 5 个 35 千伏用户变电站，总供电容量为 3.86 万千伏安，年用电量约 4000 万千瓦时。低谷时段变压器负载率约 10%，低谷富余电力容量较大。

大悦城原采用市政燃煤集中供暖，收费标准为 40 元/平方米，年供暖费 1680 万元。该企业参照天津市红桥区水游城购物中心 13 万平方米项目电锅炉改造经验，并于 2015 年将大悦城购物中心附属的 6 万平方米新建写字楼进行电锅炉供暖试点，获得了很好的经济效益。

2）项目技术分析。

项目计划采用相变蓄热电锅炉供暖系统，该系统由电锅炉本体和相变材料蓄热罐组成，相变储能是利用物态转变过程中伴随的能量吸收和释放来实现的，吸收热量后材料呈液态状，释放热量后材料呈固态状。相变蓄热材料为高密度高稳定性纳米复合材料，储热密度是水储热密度的 5 倍以上，循环蓄热放热达到 5000 次以上，约 20 年，导热系数较有机材料高 3～4 倍。

项目计划配置电锅炉总容量 1.68 万千瓦，折合 40 瓦/平方米，利用低谷富余电力，无须额外增容。采用 650 多台高密度高稳定性纳米复合相变材料（无机盐复合材料）储热热库单元，每台热库单元长宽高分别为 1、1、1.8 米，热库总占地面积 650 多平方米，体积为 1170 立方米，放置于大厦地下室。与传统配置水蓄热罐 6500 立方米相比，节省 82% 的空间。相变材料蓄热时，从 50 摄氏度蓄热到 80 摄氏度左右。

3）项目投资效益预测。

项目改造工程总投资约 4600 万元，包含电锅炉、热库等，折算为 110 元/平方米，比公建供热配套 160 元/平方米收费标准少 50 元每平方米。

替代后，一个采暖季，预计采暖用电量约 1176 万千瓦时，按照 35 千伏商业低谷电价 0.4366 元/千瓦时，电锅炉采暖电费为 550 万元，折算为 13 元/平方米。与改造前市政集中供暖费 1680 万元相比，每个采暖季可节省 1130 万元，节省比例达 67%。

2. 促进风电、光伏等清洁能源并网消纳

（1）建设分布式电源运营管理系统。建设"分布式电源运营管理系统"，建设重点为分布式电源并网服务全过程跟踪、量价费结算全过程监

控、安全运行管理，实现分布式电源的数据管理、综合分析和辅助决策的信息化系统管理，保障分布式电源健康有序发展。

（2）制定多种清洁能源接入原则。为满足多种类型能源需求，做好接入准则的制定，为清洁能源接入提供依据。根据终端能源需求分布，优化配置分布式能源和包括储电、储冷、储热等储能装置的安装位置和容量，在充分利用分散资源的同时，保障各类分布式能源有效就地消纳。

（3）建设分布式电源接入在线监测系统。建立分布式电源及微网在线监测故障识别系统，实现与家庭用户的交互与主动服务；利用微电网风险运行状态识别技术，构建风险运行状态特征专家库，自动识别风险运行状态；构建运维信息动态储备库，主动推送运维关键信息，实现运维全过程实时交互辅助支持。

典型案例

1）工程概况。

乐源光伏发电项目位于天津市武清区，利用天津大地世茂石化设备制造有限公司内 6 座建筑物屋顶安装太阳能光伏发电系统，项目建设光伏发电设备容量 2.24 兆瓦。

2）接入系统方案。

通过 1 回线路接入公共电网开关站、环网室（箱）、配电室或箱变 10 千伏母线。一次系统接线示意图如图 5-25 所示。

3）电气主接线。

乐源光伏发电项目装机规模 2.24 兆瓦，所建发电设备经直流汇流、逆变后经 2 台双分裂绕组变压器升压至 10 千伏，2 台升压变压器级联后经 1 回集电线路接至新建 10 千伏开关站。

新建 10 千伏开关站采用单母线接线。

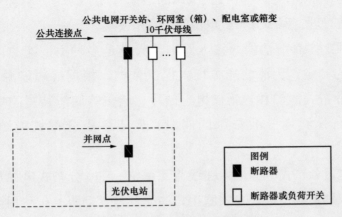

图 5-25 一次系统接线示意图

4）短路电流水平。

本期新建 10 千伏设备短路电流水平按不低于 25 千安考虑。

5）无功补偿。

光伏发电项目在 10 千伏开关站配置具备动态无功调节能力的补偿装置。具体补偿形式和容量结合电能质量评估结果综合考虑。

6）解列点。

第一解列点设置在 10 千伏开关站各集电线路出线开关处，第二解列点设置在 10 千伏开关站并网线进线开关处。

7）同期点。

同期点设置在 10 千伏开关站各集电线路出线开关处和 10 千伏并网线进线开关处，逆变器实现同期功能。

8）中性点接地方式。

光伏发电项目 10 千伏侧中性点本期应采用不接地方式，同时满足经小电阻接地方式要求。

9）计量点。

关口计量点设置在新建 10 千伏开关站并网线进线开关处，表计

为双向双表配置，分别用于发、用电计量，电能表精度为 0.2S 级，关口计量点 PT 精度为 0.2 级，CT 精度为 0.2S 级（CT、PT 要求专用互感器）。

电量信息满足无线方式上传要求。

 运维管理体系

运维管理体系是世界一流城市电网的主要支撑部分。在一流城市电网建设中，贯彻以供电可靠性为中心和全寿命周期理念为主线，通过电力需求、电网结构特点、设备水平和发展经验的分析、诊断，以世界一流供电可靠性为导向，以减少停电次数和缩短停电时间为目标，以坚强供电网架建设为基础，以配电自动化建设推广和系统实用化为抓手，坚持对标引领、创新驱动、顶层设计，全面开展状态检修和不停电作业，实施配电网标准化建设工程，建立完善配电网标准化抢修体系和运作机制，全面提升城市电网的供电可靠性和供电服务水平。

（一）建设阶段

为实现世界一流城市电网建设目标，在科学分析运维管理体系建设规律的基础上，需要从主网运维体系、配网运维体系两方面来建设，具体如下。

1. 初级阶段

主网运维体系建设方面，应建成完整检修体系，确保"5 个不发生"；开展变电站精益化评价和输电线路标准化建设，主网运行指标全面提升；常态化输变电设备隐患排查治理；开展设备全状态管理试点工作；电网供电质量、可靠性显著提升，主网运维体系建设取得初步建设成效。配网运

维体系建设方面，完成营配贯通电网侧数据采录和治理；规范开展设备状态管理，实现重要设备全评价；进行配电设备标准化治理；试点开展运检一体化配电运维；组建不停电作业队伍；提升配网不停电作业安全管理水平；深入推进标准化抢修工作；加强信息系统建设，推进营配数据融合；建立配电自动化系统运维体系，实现配电自动化实用化指标的全面提升；强化应急保电基础管理，开展防汛保电等应急管理的样本分析；按照分层分级原则，修订重大政治活动保电办法。

2. 中级阶段

主网运维体系建设方面，完善状态管理体系；继续开展变电站精益化评价和输电线路标准化建设；扩大设备全状态管理试点范围；坚持不断创新，运用新技术、新方法、新举措解决建设中遇到的问题和困难，持续提升运维管理水平。配网运维体系建设方面，加强设备治理，推进标准化改造，提高设备健康水平；强化状态检修，提高设备预控能力；继续推广运检一体化工作；规范配网停电作业管理，强化不停电作业管理；规范现场作业行为，全面开展标准化抢修；强化应急管理，提高处置能力；开展应急演练，强化各部门、单位之间的协同机制；夯实管理基础，全力构建岗位职责明确、业务运作高效、制度体系完善、考核机制合理、人才持续培养"五位一体"的配电运维检修体系并持续改进。

3. 高级阶段

以"大云物移"智能运检技术为基础，实现数字化设备状态管控、差异化运维策略制定、动态化运维策略调整、智能化运检作业协同，构建变电运维工作的精准运检体系。主网运维体系建设方面，完成变电站精益化评价和输电线路标准化建设；建成全状态管理体系，实行输变电设备全状态管理。配网运维体系建设方面，配网状态检修达到世界一流城市电网水平，配网运检一体化运行持续提升；配网不停电作业项目开展齐全，作业装备配置齐备，管理成效显著；配电自动化覆盖率全面提升，配电自动化系统运维体系健全，职责分工明确，业务流程规范；应急保电管理机制完

善；完成"五位一体"的配电运维检修体系构建，运维指标达到世界一流水平。

（二）建设内容

1. 主网运维方面

（1）建设完整检修体系。

1）深入开展检修专业化。科学确定检修方式，合理划分工作界面，细化工作协作机制，建立检修专业化评价和考核机制，对检修质量、各单位检修协作进行考核。

2）深化变电运维一体化工作，确定运维一体化业务，编制下发年度工作实施要求，进一步修订下发作业指导卡范本。加强各单位工作推进过程管控，建立月度例会机制，开展阶段性工作查评。

3）规范无人值守变电站运维管理。按照运维站到达所辖变电站不超过1小时车程原则，编制各单位变电运维站规划建设方案。

4）集约开展状态检测。按照集约化、专业化管理要求，集约开展状态检测项目，在支撑单位集约配置大型检修、试验、应急抢修等装备，统筹使用，提高运检装备的使用效率。

5）加强对运检专业班组的分类指导和标准化建设，梳理生产作业流程，建立生产作业活动超前分析和流程化作业安全风险管控机制。

（2）完善状态管理体系。以建设世界一流城市电网运维体系为目标，建立完善的状态管理体系是规范开展设备全状态管理的基础，该项工作的目标是职责明确、流程顺畅、制度严谨、标准统一、基础牢固。

1）建立专业负责机制，明确岗位职责。结合检修体系全面建设，依据状态管理制度，完善设备状态管理业务流程，明确各级岗位职责，建立状态检修设备管理专业负责机制，由设备专工对"五环节"内容的全面性和结果的准确性负责。

2）完善状态管理标准规范，统一工作要求。完善状态管理关键项

目的工作标准和技术规范，消除差异，实现状态管理标准体系的统一，制定标准化工作模板，确保各级设备运维检修人员规范开展状态管理工作。

3）强化状态信息收集，筑牢基础管理。完善状态信息收集机制，规范开展设备验收、运维、检修试验等环节信息收集工作，加快完成 PMS 状态信息专项整改，杜绝"前欠后补"问题，确保设备状态管理信息基础。进一步提高 PMS 系统应用水平，提升状态管理工作效率。

（3）提升"五环节"工作质量。提升"五环节"是提高设备状态管理整体工作质量的关键措施，工作目标是验收严格、运维精细、检测有效、评价准确、检修科学，核心是状态检测及状态评价。

1）验收严格。固化运维单位与建设管理单位验收工作流程，编制隐蔽工程验收及原材料设备进场验收标准化作业指导书。编制验收大纲模板，明确验收项目及要求，将验收节点计划串联纳入基建建设节点中，保证关键节点工程验收质量。

2）运维精细。优化确定运维一体化典型业务项目，补充完善作业指导卡范本。规范运维专业日常工作管理，结合变电运维一体化、季节性工作及变电运维精益化管理要求，制定科学巡检策略，开展三级巡检和差异化巡检，提高巡检质量。

3）检测有效。建立集约检测、电气试验班组专业检测、运维班组普通检测的三层检测体系，完善三级状态检测逐级诊断体系，分层分级全面开展状态检测。严格落实技术标准，优化仪器配置标准，规范仪器校验管理，全面应用带电检测作业指导卡及状态检测原始记录单，定期核查 PMS 中状态检测报告，实现方法正确、数据可靠、结论准确。

4）评价准确。及时开展新设备首次评价、缺陷评价、检修评价、不良工况评价等动态评价，每季度进行总结分析，半年开展一次定期评价。对 110 千伏及 220 千伏设备评价结果进行审核，500 千伏设备进行最终评价，并引入人工干预的措施保证设备评价准确。

5）检修科学。分级负责制定检修策略，保证每台设备都有针对性的检修策略，以评价结果为主要依据制订、审核技改大修和运检计划。固化检修流程，规范检修人员行为，严格执行检修工艺，加强关键环节管控，实施痕迹管理，确保检修质量。

（4）加强供电电压指标管控。推进供电电压自动采集系统完善与深化应用。增设 C、D 类供电电压监测点，数量要足够完备。C 类供电用户每 10 兆瓦负荷至少设置 2 个监测点，D 类用户每百台公用配变至少设置 4 个监测点，加装专用电压监测仪；根据电压合格率监测统计情况，采取有效措施治理电压超限问题，视具体情况采取改造配电变压器为有载调压、调容配电变压器、单相配电变压器，加装低压智能无功补偿装置等措施，保证供电电压质量合格。

2. 配网状态检修

（1）夯实基础管理。规范配电台账管理，修编配电台账管理办法，包含设备异动管理、新设备投运管理、工程竣工管理等方面台账信息录入。明确相应的巡视记录、消缺记录及工作票等相关联信息，严格规范缺陷在 PMS 系统中的录入。建立配电工程验收标准、流程和设备异动流程，制定台账录入、缺陷信息录入等标准模板，做到各供电单位台账和运行信息管理标准统一、格式规范、流程有序。

（2）规范开展配网隐患排查治理。明确缺陷流程、隐患流程，结合缺陷及隐患的相关要求开展治理工作，切实提高配网设备健康水平、降低设备本体故障。加强缺陷的真实性、准确性检查，确保缺陷客观、合理。以隐患排查为抓手，提高配网运行质量，定期排查和动态排查相结合，动态排查根据设备运行情况和特殊时期（如高峰负荷期间、保电前）进行。依据隐患排查结果，制订科学合理的检修计划。

（3）加强配电运维管控，降低故障率。一是依据各单位地域特点及施工状况制定防外力故障措施，加强对防外力工作的管理与施工现场的监控，把防止施工损伤电缆、吊车碰线、车辆撞杆等作为防范重点，努力降低外

力破坏故障率；二是积极运用配网状态检修成果，加强对配网设备的评价，对发现的设备问题及时整改，提高线路健康水平；三是加强鸟害、树害等季节性群发故障的治理。

（4）规范设备状态管理，有序开展设备检测评价。结合隐患排查，提高设备缺陷、故障等状态信息收集的准确性；开展配网状态检修辅助决策系统培训，组织开展配网状态检修调考；组织开展特别重要线路、重要线路和部分一般线路的状态评价，将动态评价与定期评价相结合，依据状态评价结果制订检修计划，为大修技改项目提供依据，提高项目的针对性；有计划地加强配网状态检测仪器配置。

（5）开展配网运检一体化建设工作。增加运维力量，制定运检一体化建设方案和运行标准、工作流程，增加运维力量，制定配网设备运维标准，为进一步推广奠定基础。

（6）规范配电设备现场标志标识。修订10千伏及以下配电设备命名标识及现场标识管理办法，试点推广新标识的应用，确定更换的时限要求。逐步统一配网设备标志标识，达到样式统一、内容规范的目标。

3. 配网不停电作业

实现世界一流城市电网建设目标，不停电作业管理需要构建完善的培训考核机制，先进的管理机制方法，使作业人员保持高水平。

（1）探索增加外协人员配合开展不停电作业机制。选取配电网检修工作经验较丰富，年龄适当，热爱配网不停电作业的外协人员，参加培训取证，并采取措施保证人员相对固定，配合配网不停电作业主业人员开展作业项目。既能弥补主业作业人员的不足，又能提高作业人员素质，有利于作业项目的开展和作业次数的增加。

（2）建立有效的考核激励机制，组建10千伏电缆不停电作业技能骨干队伍，加大10千伏电缆不停电作业培训力度，完善资质培训和持证上岗考核机制，大力培养专业基础扎实、实践经验丰富的业务骨干，提升业务水平。以技能骨干为基础，推广开展10千伏电缆不停电作业项目。

（3）以带电作业实训基地为平台，改造现有的实训现场，增加 2 台 10 千伏环网单元，作为 10 千伏电缆不停电作业培训和演练场地，提高演练的真实性和实效性。提高培训质量，有针对性的开展绝缘杆作业法培训与演练。

（4）以党员创新创效等活动为载体，鼓励配网不停电作业工器具及装备的研制和使用，提高作业的安全性和规范性。

（5）推广新项目，开展新作业项目试点，加强项目交流，扩大必须采用不停电作业方式的项目，完善作业装备配置，提升作业能力。

（6）规范配电网设备检修计划管理，配电网设备检修优先考虑采用不停电作业方式，推广配电网不停电作业，减少设备重复停电。

（7）加大不停电作业装备配置，增加不停电作业车辆，实现车辆的合理配置，满足开展不停电作业项目的需求。

4. 配电网标准化抢修

（1）制定下发故障抢修服务规范制度。根据用户服务需求、设备健康水平等关键因素的变化情况，持续修订故障抢修服务规范制度，一是有针对性的设置外驻站点，突出对供电能力薄弱区域的差异性。二是掌握负荷、天气对配电设备运行的影响规律，在不同时段安排不同的抢修力量，避免"忙、闲、均、等"。三是充分利用集体企业、施工队伍的力量，可以分为普通情况下（抢修班组负责），在进入高负荷区间或者故障多发时段前（工区专业班组、集体企业配合）及持续高负荷情况下（施工队伍支援）三种情况统筹考虑。

（2）提高信息化水平，试点改进抢修指挥平台。末端信息高度融合，试点改进抢修指挥平台。充分结合 PMS2.0 要求，完善低压异动流程，充分利用信息化手段，建立配变、低压线路、低压用户间准确的关联关系，做到"派工准确、组织有效、快速复电"，强化抢修指挥平台、PDA 等工具的支撑作用，对抢修指挥平台的顶层设计、深化应用进行试点突破，提升故障抢修工作的信息化水平。

（3）提升自动化实用化水平。及时接入自动化信息，强化配电自动化建设，运维、运检、科信深度配合。提高终端健康运行水平，提高光纤通道安全可靠性，不断提升自动化终端在线率。合理安排电网运行方式，提高遥控使用率和正确率，缩短故障隔离时间，减少用户停电时间和户数，提高供电可靠性。

（4）开展业务培训，储备人才和抢修梯队建设。充分利用实训基地的培训优势，原则上每月组织 2 次 10 千伏及以下故障抢修技能培训（包括户表），每次培训 1 个供电单位，为期一周。举办中低压配电网故障抢修技能比武竞赛，做好人才储备。

（5）实现配电网业务外包标准化管理。充分开展配电网调研分析，合理界定和重新定位配电网核心业务和非核心业务。加大配电网设备状态检测及分析评价、不停电作业、配电自动化、故障抢修指挥等业务的管理力度，提升配网运检专业核心竞争力。

按照"试点先行、分步推进"的原则，逐步将配电网设备环境巡视、低压抢修、设备检测等机械性、重复性的非核心业务向市场开放，提高配电网建设管理效率和效益。

加强业务外包的全过程管理，明确配电网业务外包费用的列支渠道和标准，形成资质审查、合同签订、外包方案审核、现场安全管控、效果评价的全过程外包管理体系。建立配电网业务外包市场激励机制，充分调动集体企业、社会专业化技术队伍、制造厂家等资源，推动配电网运检队伍由"人员密集型"和"技术管理型"转变。

5. 应急保电管理

（1）全面开展应急预案修订优化工作。组织进行总体、专项的重要用户应急预案梳理和优化，使预案更简捷、实用，具有可操作性。

（2）积极开展以无脚本桌面推演和实战演练形式的应急演练。组织开展无脚本形式的应急演练，确保演练取得实际效果。

（3）进一步深化应急协作机制。积极与重要客户进行沟通交流和演练，

建立突发停电事件的协作机制，推动各单位之间的应急协作。

九　用户体验

（一）建设阶段

1. 初级阶段

电网供电系统用户可靠性统计分类按照《供电系统用户供电可靠性评价规程》（DL/T 836—2012）的有关内容进行地区特征分类：主要分为市中心区、市区、城镇和农村四类。供电可靠性管理基于高压用户（35 千伏及以上）和中压用户（10 千伏），未将低压用户纳入统计范围。

可靠性统计信息是由供电区域进行采集、由电能质量在线监测系统生成，然后进行数据的确认、汇总和统计的。通过用电信息采集系统进行台区表的停送电信息采集，通过电能质量在线监测系统集成到电网资产质量监督管理系统，然后进行补充确认，生成统计事件。供电单位可靠性管理人员依据调度运行情况，检查是否有未采集的情况，通过电网资产质量监督管理系统手工补录未能及时、准确采集的停送电信息事件。

2. 中级阶段

依据规划水平年的负荷密度、行政级别，参考经济发达程度、用户重要程度、用电水平、GDP 等因素，对供电区域进行统计，将用户分为 A＋、A、B、C、D、E 等五类，对可靠性统计特征分类及性能调整，开展按照不同供电区域划对可靠性目标进行规划、对可靠性指标进行统计。

供电可靠性管理由中压向低压延伸。针对低压用户的可靠性统计的研究很多，但大多停留在理论建模和统计算法的层面上，前提都是假设已具备完备的低压用户统计数据。目前国内探索较多的低压数据采集方式为自动完全统计方式。即在每一个低压用户安装监测装置，自动记录每次停电

事件的停电、送电时间，并自动传输到控制中心进行数据分析，实现了可靠性运行数据的自动采集，传输和指标的自动统计计算。其中，数据传输途径可以多元化，主要有低压载波、有线电视网络、市话等。停电原因无法自动判断，均需人工录入。覆盖面广，统计到每一个用户，可以实现可靠性运行数据的自动采集、传输和指标的自动统计计算，统计结果快速、准确，可以和用电营业综合管理系统结合建设，但投资大，系统运行维护工作量大，大范围使用难度较大。

3. 高级阶段

低压用户可靠性信息采集通过用电信息采集系统完成。一般过程是由智能电表（本地信道）通过 RS-485 有线方式、半/全载波、光纤、无线方式将采集到的数据传送给集中器（中压台变），集中器再通过 GPRS 无线公网或光纤方式上传到用电信息采集系统主站，生成完整的低压用户停电事件数据后再集成到电能质量监测系统，才能具备开展可靠性分析的条件。

同时建立先进的供电可靠性指标评价体系。供电可靠性指标体系基本一致，均包括用户平均停电频率、用户平均停电时间和供电可靠率等指标。大多数世界先进城市电网高供电可靠性地区的统计方式采用基于低压用户的统计方式。随着城市电网自动化水平及通信手段的提高，这种方式正逐渐成为未来智能电网可靠性统计方式的发展趋势，实现世界一流城市电网供电可靠性水平普遍达到"4个9"到"5个9"之间的水平。

（二）建设内容

1. 分区域低压用户供电可靠性统计管理平台

随着中国城市经济的发展，社会对供电质量的要求越来越高。现有的可靠性评价体系在反映供电质量上的局限性日渐凸显。当前国内开展的供电可靠性管理仅统计到中压部分，而没有深入统计到低压用户，无法全面

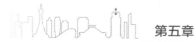

反映各类用户实际的供电可靠性。供电可靠性管理由中压向低压延伸，由配变台区向用户计费点（电表）转变势在必行。

目前国内探索较多的低压数据采集方式为自动完全统计方式。即在每一个低压用户安装监测装置，自动记录每次停电事件的停电、送电时间，并自动传输到控制中心进行数据分析，实现可靠性运行数据的自动采集，传输和指标的自动统计计算。其中，数据传输途径可以多元化，目前主要有低压载波、有线电视网络、市话等。停电原因无法自动判断，均需人工录入。这种方案的优点是：覆盖面广，统计到每一个用户，可以实现可靠性运行数据的自动采集、传输和指标的自动统计计算，统计结果快速，准确，可以和用电营业综合管理系统结合建设。缺点是：投资大，系统运行维护工作量大，大范围使用难度较大。

2012 年由国家电监会电力可靠性管理中心组织发起，开展低压用户供电可靠性评价体系研究，计划编制既适用于我国供电企业现状，又满足国际接轨需求的《低压用户供电可靠性评价规程》。全国首个低压用户供电可靠性管理试点落户深圳供电局。但截至目前，该规程尚未出台。

为实现对低压用户的可靠性统计分析，按照分区原则，建立分区域低压用户供电可靠性统计管理系统，如图 5-26 所示。

搭建统计分析平台，通过数据中心实现用电信息采集系统数据、PMS 设备基础数据以及"低压用户—低压计量箱—低压线路—10 千伏配变—10 千伏线路"对应关系的接入。

解决用电信息采集的覆盖率和准确率问题，A＋、A、B 类供电区域覆盖率达到 100％，准确率应大于 95％，实现对异常数据的自动判断和剔除。

提取地区调度运行数据，补充完整停电信息内容，形成可进行统计分析的运行数据。实现"低压用户—低压计量箱—低压线路—10 千伏配变—10 千伏线路"对应关系的自动更新，实现从地调抽取运行数据补充完整用户停电信息。

基于低压用户运行数据，开展相关可靠性数据统计分析。根据规划的

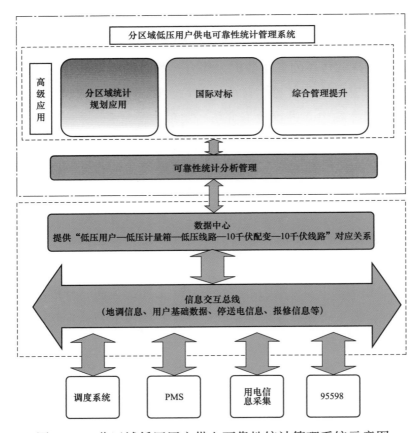

图 5-26 分区域低压用户供电可靠性统计管理系统示意图

供电区域划分，确定低压用户所属的 A＋、A、B 类等供电区域，按照区域范围进行低压用户可靠性指标的统计，开展相应的分析研究。

2. 低压用户可靠性指标管理体系

（1）供电可靠性评估指标分析。目前国际范围内最全面、权威的 IEEE 供电可靠性指标体系将供电可靠性指标分为三大类：持续停电指标、基于负荷量的指标和瞬时停电指标。我国及大部分国家目前所采用的可靠性指标或包含在这一指标体系之中，或由这些指标派生而来。

（2）供电可靠性评估指标统计口径分析。

1）可靠性统计方式。可靠性统计方式包括基于用户、基于中压配电变

压器和基于功率或电量三种方式。基于用户是最常用的方式，简单易行，数据可信，不必对各种不同用户分类；基于中压配电变压器的统计方式更适用于计量设备、自动化装置和通信装置不完善的地区，对用户分布和用电信息不十分确切的国家和地区；基于功率或电量的方式进行统计是以功率（或电能）作为权重，对用户可靠率或停电时间进行统计。

2）对计划停电的考虑。在统计停电指标时，是否应当排除计划停电，各国考虑的角度不同，实际做法也有一定差异。美国供电可靠性数据主要由供电企业收集整理。代表电力消费者行使监督权利的供电可靠性监管机构较少关心和干预供电企业运作，也不关心电力供应的中断是计划原因造成的，还是非计划原因造成的。因此美国、加拿大等国的可靠性数据绝大多数包含计划停电。

3）供电可靠性影响因素。研究预安排、故障停电的三个方面，找到其具体影响因素，分别分析影响停电次数、停电时间、停电范围的各种因素，并对各种因素做简单描述。停电次数是把高、中压配网的设备作为分析的出发点，对各类设备的运行年限、气候影响和意外事故进行详细分析，具体情况如图 5-27 所示。

由于不同设备在停电时间上存在共性，一次停电会有多类设备失电，而这些设备的停电时间是一样的，由一种原因引起的扩大性停电，直接影响的停电区域为段内；扩展和不能转带的停电称为段外。因此，停电时间按照段内和段外来进行分析。影响内部故障、检修、施工和供电网限电平均停电时间的各种因素，具体情况如图 5-28 所示。

停电范围就是停电区域的大小，停电的线段数和用户数是停电范围的体现。从高压配网和中压配网两方面分析，高压配网主要是变电站及其进线情况；中压配网主要是分析线路（线路的长度、直供用户的数量），分段（线路隔离停电能力）和联络（转供负荷的能力）情况，具体分析如图 5-29 所示。

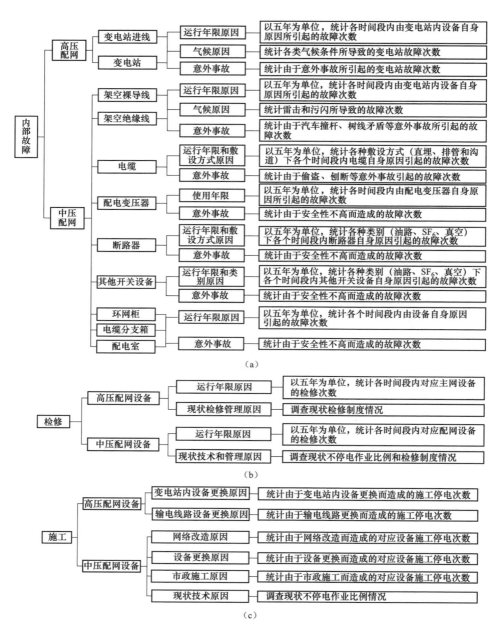

图 5-27 影响停电次数的影响因素 (一)

(a) 内部故障的停电次数; (b) 检修的停电次数; (c) 施工的停电次数

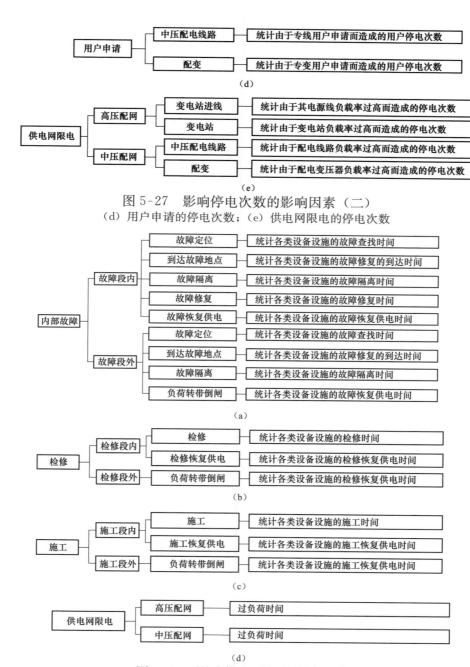

图 5-27　影响停电次数的影响因素（二）

（d）用户申请的停电次数；（e）供电网限电的停电次数

图 5-28　影响停电时间的影响因素

（a）内部故障的停电时间；（b）检修的停电时间；（c）施工的停电时间；（d）供电网限电的停电时间

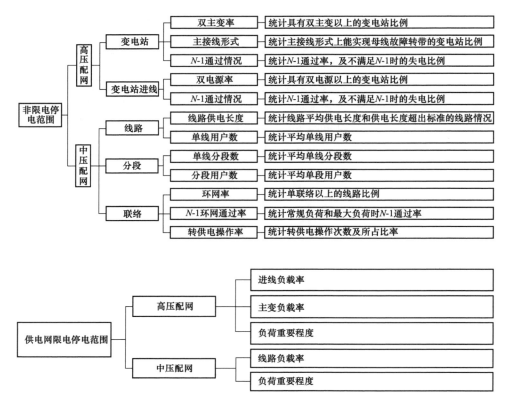

图 5-29　影响停电范围的影响因素

本章小结

　　本章全面阐释了世界一流城市电网的建设理念及实施方式，提出了可实施的建设路径框架和具体建设内容。

　　（1）世界一流城市电网的建设实施应遵循"系统化"建设理念，采用顶层设计总体方案架构，将一流城市电网建设内容分为相互依托、依次递进的三个层次架构，围绕"安全可靠、服务优质、经济高效、绿色低碳、友好互动"的核心特征，通过技术进步、管理提升两条主线实现一流电网

建设目标。

（2）世界一流城市电网的具体技术实现，通过从总体方案架构中分解出的建设重点来分步实现，具体建设实施分为了电网形态、一次设备智能化、配电自动化、智能通信网、信息化支撑平台、智能用电、清洁能源消纳、运维管理体系建设、用户体验等九个重点建设方面，分阶段、分步骤全力打造世界一流城市电网。

（3）电网形态、一次设备智能化是基础，应贯彻超前的理念，采用先进、可靠的技术装备，夯实电网的物质基础；配电自动化建设、智能通信网建设、信息化支撑平台建设着力建设电网的信息支撑保障体系，打造先进高效的信息系统；智能用电、清洁能源消纳、运维管理体系建设、用户体验主要侧重提升电网管理服务水平，实现客户高品质用电体验。

第六章

世界一流城市电网典型实践

电网的创新发展总是在科技研究和工程实践中不断前行。 一流电网是现代电力、 通信、 信息及控制等技术的重大突破和集成创新， 是为满足现代高可靠性电力需求， 以及高渗透率分布式清洁能源消纳需求的必然选择。 近年来，国内外在高可靠性城市供电网、 主动配电网、 智能电网等领域的探索和工程实践， 为一流城市电网的发展奠定了坚实基础。

第一节 国外先进城市电网建设实践

 新加坡城市电网

新加坡总面积为 682 平方公里，人口约有 400 万。新加坡电网截至 2014 年底发电装机容量 12861.5 兆瓦，2014 年新加坡电网最高用电负荷 6850 兆瓦。新加坡电网全年负荷较为平稳，不存在夏季高峰和冬季高峰；全部负荷中商业负荷、工业负荷和居民负荷占比分别为 40%、40% 和 20%。新加坡电网的供电可靠性位于世界前列，已达到"6 个 9"（99.9999%）的高水平。作为世界一流电网的样板，其电网规划、运行管理、客户服务等很多方面都值得国内电网企业学习。

1. 电网结构和设备

新加坡电网电压等级分为五级，400 千伏、230 千伏、66 千伏、22（6.6）千伏、0.4 千伏，其中输电电压等级为 400 千伏、230 千伏、66 千伏，配电电压等级为 22（6.6）千伏、0.4 千伏。

66 千伏及以上电压等级输电网络均采用网状网络（Mesh Network）连接模式，每个网状网络并列运行，其电源来自同一个上级电源变电站，整个网络的外接电源备用容量一般考虑整个网络负荷的 50% 左右；22 千伏配电网络采用环网连接、并联运行模式（Ring）；6.6 千伏配电网络采用环网连接、开环运行模式（Mesh），每个环网的两路或三路电源来自不同的 22 千伏上级电源点。

其中，22 千伏配电网采用以变电站为中心的花瓣形接线，如图 6-1 所示。

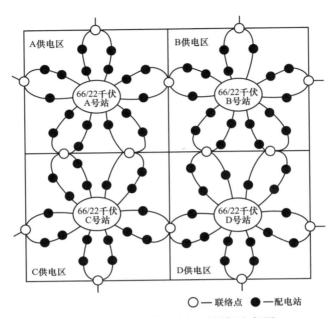

图 6-1   22 千伏花瓣型接线示意图

如图 6-1 所示，花瓣电网是由同一个双电源变压器并联运行的变电站（66/22 千伏）的每两回馈线构成的环网，闭环运行，最大环网负荷不能超过 400 安，环网的设计容量为 15 兆伏安。不同电源变电站的花瓣间设置备用联络（1~3 个），开环运行。事故情况下可通过调度人员远方操作，全容量恢复供电。22 千伏馈线一律采用 300 平方毫米铜导体交联聚乙烯电缆。

图 6-1 所示的花瓣型接线实际上是由变电站间单联络和变电站内单联络组合而成的。站间联络部分开环运行，站内联络部分闭环运行，而两个环网之间的联络处为最重要的负荷所在。为了满足运行需求，22 千伏线路站点上都配置断路器和光纤纵差保护。当 22 千伏线路任一段发生故障时，其两端站点的光纤纵差保护动作瞬时切开故障区域，非故障区域不受影响。该结构特点是 22 千伏合环运行，依靠全站点配置断路器和光纤纵差保证电网安全稳定运行，供电可靠性非常高，但投资也非常高。

2. 自动化和通信

新加坡电网在 20 世纪 80 年代中期投运大型配电网的 SCADA 系统，在

90年代加以发展和完善，其规模最初覆盖22千伏配电网的1330个配电所，目前已将网络管理功能扩展到6.6千伏配电网，大约4000个配电站。主站年度平均可用率为99.985％。为了使故障恢复时间最小化，并有效地利用设施节省工程领域的劳动，新加坡电网公司将配电自动化系统发展到旗下的所有22个分公司。在22千伏配电网实现了配电自动化"三遥"全覆盖、6.6千伏覆盖率达到34％，全面应用数据采集与监控系统监视电网状态和负荷、进行开关远程操作。目前非故障段供电恢复时间已减少到只有几分钟。

为了应对配电网所面临的新环境，如分布式电源的大规模接入及设备对电能质量和用电可靠性要求的不断提高，新加坡电网公司发展了高级配电自动化系统（Advanced DAS，ADAS）。ADAS已经在新加坡的一些地区正式投入使用。ADAS内装备了大量带有内置传感器的开关，这些开关被用来监视并测量配电网的零序电压和零序电流。同时，带有TCP/IP接口的RTU可以对测量的数据进行计算并通过光纤网络把数据传输回中心控制系统，这些高级RTU功能的实现也完善了ADAS的整体系统结构。ADAS通过RTU实现的高级功能主要分为两类：电能质量监测和故障预警。通过利用ADAS掌握的配电网进行精确运行情况，新加坡电网公司正在着眼发展配电设施的高级应用及电力供应的可靠性管理技术。

3. 运行维护

新加坡电网公司在设备状态监测、状态检修管理上从设备状态"防止故障，缓解影响"两个方面着手，以"高可靠性与高质量供电"一个方向为目标开展工作。

在设备检修中，新加坡电网公司在全部电压等级设备上实现了状态监测和状态检修。在电缆监测方面，一是组建了电缆振荡波测试车队，在绝缘电阻不平衡的情况下随时对电缆进行振荡波试验，实现了全部电压等级电缆振荡波试验的全覆盖；二是以6个月为周期，对400千伏和230千伏电缆终端进行红外、局放周期性检测；三是实现了对电缆分布式温度感应、

油压的在线监测；四是建立了只要开关维修，即进行电缆绝缘试验的机制。在变压器状态监测方面，根据电压等级的不同，分别从超声探测、PD 探测、温度扫描、DGA、激光热扫描、油色谱分析等方面从 3 个月至 2 年列出不同的监测周期，进行定期监测、试验。在开关设备状态监测方面，一是实现了 400 千伏和 230 千伏开关 SF_6 测量和红外测温的在线监测；二是根据设备电压等级的不同制定了 PD 探测、超声探测、温度探测的周期，以 3 个月到 15 年的不同周期对设备进行状态检测。

在设备检修方面，新加坡电网公司将检修分为"故障检修""预防性检修""预测性检修"三类。故障检修即设备发生故障后的检修；预防性检修即在设备各种状态监测均正常的情况下进行的周期性检修，根据不同设备类型周期分别在 3～12 年；预测性检修即对状态监测中发现异常或运行年限过长的设备进行检修。在电网运行检修方面，新加坡电网公司所有配网设备均采用状态监测、实施三类检修。三种不同检修的同时实施可以保持可靠性与质量、避免故障削弱电网、降低停电时间、降低检修成本，同时还能保留事故根源证据。通过三类检修的同时实施，新加坡电网公司电网检修成本由 1991 年的 7700 万美元降低至 2900 万美元，成本节约 4800 万美元；户均停电时间由 1991 年的 4 分钟/户降低至现在的 0.69 分钟/户；停电次数由 1991 年的 1000 次降低至现在的 395 次。

在配网故障抢修方面，新加坡电网公司将服务区域划分为四个网格，采用区域值班机制，增加抢修工程师的"归属感"。在抢修装备方面，在配备普通抢修装备的同时，在所有抢修车辆上安装 6.5 千伏安、12.5 千伏安快速接入发电机，在为抢修过程中、保证用户持续供电；同时配备小型应急照明灯、生命辅助备用电源（接入呼吸机等）等设备，为用户提供一般应急服务。在各个抢修驻点，根据服务用户的数量、负荷密度，配备了 800 千伏安、1000 千伏安应急发电车各 3 辆，在发生大规模故障时为用户提供应急供电服务。

在抢修指挥上，新加坡电网公司成立了客户服务中心，采用类似我国

95598 客服中心的值班机制。接线员不仅是接收用户报修后发派工单，在接到用户电话后会按照程序指导客户进行停电范围查勘、内部故障甄别等工作，有效避免了大量用户内部故障造成的抢修人员无谓出动，提升了工作效率。

4. 用电和用户服务

由于新加坡中压配电网设备水平高、与用户沟通良好、外部影响因素小，电压波动、电压谐波、电压不平衡几乎不存在问题，仅存在部分用户设备短时电压骤降风险。因此，新加坡电网公司在电能质量管理中以"电压骤降"为核心，以"与客户携手，共同提高电能质量"为工作方法，秉承国际电工委员会（IEC）"有必要认识到一定数量的电压骤降在网络中是不可避免的，大多数设备可以接受次数有限的骤降所带来的风险"的原则，将与客户沟通作为电能质量管理的关键、高度重视用户的反馈并及时行动。建立了电能质量监测系统，持续监测和追踪电能质量表现，把系统作为运行管理和确认一次、二次设备故障的依据，并与客户分享电能质量表现。

新加坡电网公司建立了业务持续管理解决方案（BCM），建立了灾难预防及反应机制，用来消灭或降低应急突发事件或灾难给其重要运营功能带来的各种风险。在具体工作中，以危机执行委员会、紧急管理团队、现场指挥队三级机构的形式开展工作。危机执行委员会负责处理策略性事务，紧急管理团队负责处理直接事故反映事故，现场指挥队负责处理现场事故。

在与政府相关部门沟通方面，一旦出现应急情况，由危机执行委员会直接向警察总部、交通总部、民防部、市镇理事会、地铁局、陆路交通管理局等相关部门汇报事故情况。

在应对媒体方面，新加坡电网公司设立公关部（职能类似外联部），由紧急管理团队向公关部提供有关事故信息，经危机执行委员会批准后，公关部在半小时内向媒体提供新闻发布内容，每半小时或更短时间随时向媒体提供事故处理最新进展。如事故影响较大，公关人员直接到达现场应对客户和媒体，并在必要时举行新闻发布会。

二　巴黎城市电网

巴黎核心区（小巴黎）电网供电面积约为 105 平方公里，人口 300 多万。巴黎城市用电结构中工业用电比重较低，仅占 7%，主要是第三产业和居民生活用电。近些年来，巴黎市区负荷增长也十分缓慢，逐渐向饱和态势发展。2000 年巴黎城市（小巴黎）最大用电负荷为 3000 兆瓦，平均负荷密度 28.7 兆瓦/平方公里。2011 年核心区供电可靠率 99.997%。

1. 电网结构和设备

法国巴黎电网电压等级分为五级，400 千伏、225 千伏、63（90）千伏、20 千伏、400/230 伏，其中输电电压等级为 400 千伏、225 千伏和 63（90）千伏，配电电压等级为 20 千伏（中压）和 400/230 伏（低压）。在人口密度较低的地区，配电网依靠 63 千伏电网供电；在人口密度较高的地区，225 千伏电网尽量靠近负荷，直接通过 225/20 千伏输出中压。

法国巴黎电网呈"哑铃"形结构，强化两端、简化中间层级。400 千伏电网环网运行，20 千伏建设成环（三个同心圆状的主干电网）、开环运行，225 千伏变电站布点在巴黎市区周边以放射方式接入。

巴黎核心区电网中压 20 千伏配电网采用"三双"结构，即双侧电源、双主干线、双路接入。

中压主干线采用双环或三环结构（见图 6-2），单个配变双 T 接入中压主干线（见图 6-3），配电室装有备自投装置。当一路环网出现故障时，备自投直接投切到另一路环网。该结构相比普通双环网的特点是单配变采用双路电源接入，供电可靠性更高，同时对配电自动化要求较低，但造价较高。

该结构优点是：如果其中一条电缆故障，可自动切换到另一条正常电缆供电，一般出现 2 个故障点不损失负荷；从用户角度看，长期停电转化为短期停电，供电可靠性提高；结构简单，主干线路径得到优化。

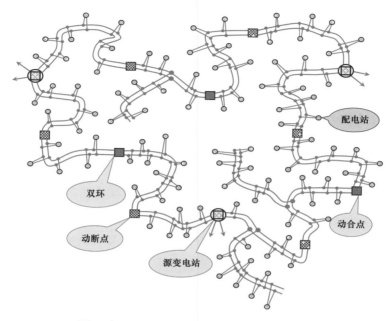

图 6-2　巴黎中压电网主干结构示意图

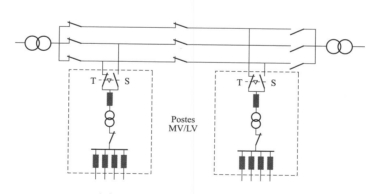

图 6-3　"三双"结构示意图

该结构缺点是：现场施工时，闭锁运行复杂，不适用于有较大发展建设的区域；如果两条电缆采用同一路径，均发生故障，将无法部分恢复供电。

2. 自动化和通信

2010 年，法国配电网完成了所有区域配电自动化部署，实时采集中压

线路故障点信息，实现了线路部分开关的遥控，每条馈线设置 2～4 台遥控开关，遥控开关数量占总体数量的 8.2%，配电室具备自动投切功能。

巴黎电网配电自动化主站功能简易实用，包括 SCADA 功能和高级控制 FAC 功能，实现故障诊断分析、故障定位、故障区域隔离、网络重构及供电恢复。其故障处理模式为：采用遥信与就地检测相结合的方式，实现对故障的准确定位；采用遥控与就地控制相结合的方式，缩小故障隔离范围。

巴黎城区双环网采用分段元件（OCR）进行分段，分段元件之间的配变压器数量不超过 10 台，如图 6-4 所示。开环点（红色方点）及区段点（蓝色方点）具有远程遥控功能，中/低压配电室主备 2 路电源电缆直接从主干电缆上 T 接，电缆故障时，配电室主供负荷开关在变电站开关掉闸 3 秒后分闸，之后 5 秒备用负荷开关合闸，恢复配电室供电，即通过设备自动装置完成，无须人为干预。当需要调整运行方式时，通过遥控方式远方拉合区段点、开环点开关或配电室内主/备电源开关。主各线电源来自同站同母线，倒闸操作，先合后分。

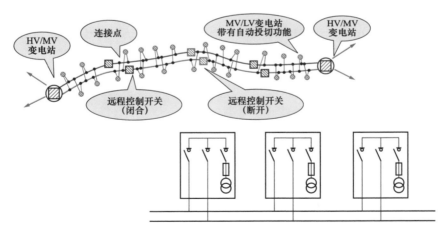

图 6-4　巴黎城区中压双环网结构分段元件及配变接入方式

3. 运行维护

（1）组织机构。法国电网共分 8 个管理大区、23 个区域电力公司（URE），30 个配网调度（ACR）、7 个故障应急处理中心（CAD）。区域电

力公司设安全部、项目部、财务部、人资部、配网建设部、电源部和配电网运营部。管理打破地区行政界线，充分依托信息技术手段，实现高效运营。7个故障应急处理中心共有400名员工，工作日平均每天受理1600个电话，75％的用户电话问题在1分钟内解决（80％用户停电与法国电网设备无关）。因此故障处理的首要任务是保证维修人员的派遣具有针对性，抢修人员白跑一趟的比例低于5％。

（2）注重设备质量管控。法国电网公司自上而下从设备选型到工程建设都有完整的标准体系，做到了公司任何一个地方的电网建设方案、设备和质量一致。电网设备多是阿尔斯通、施奈德、西门子等世界一流电力设备制造公司产品，质量优良，并由独立的第三方机构进行设备测试并出具测试结果，大大降低了故障概率，减少了检修频次，有力保证了电网运行安全。

（3）状态检修和运行流程。与国内基于具体设备元件评价不同，法国电网公司设备状态评价以变电站整体运行水平为评价目标，依据一定的评价标准，将变电站的检修周期划分为额定周期、改善周期和加强周期，在三种不同的周期下，各种设备有相应的检修周期。

（4）带电作业。1960年法国电网公司开始带电作业，1975年开始对外推广，主要向东欧、非洲、瑞士等地区和国家推广，有1700万用户享受到带电作业带来的优质服务。

目前，法国电网公司带电作业工作规范成熟，在中压、低压电网广泛应用，占全部工作的20％，巴黎市区带电作业比例更高。据统计数字显示，带电作业安全可靠性更高，引起事故的风险明显低于停电检修。

区域公司设立配电线路带电作业团队（TST），建立工作现场实施标准和带电作业应用工器具清册标准，涵盖远距离工作、等电位作业、直接工作三种作业方式。每天2~3个工作现场，现场带电作业至少4人完成，2人登杆，1人现场协助，工作负责人专职监护，工作组织成熟规范，保证了作业安全。

（5）重大危机应对。当由于自然灾害引起重大电网事故时，法国电网公司要求各区域电力公司的主要负责人及其副职立即启动电网事故机制（ADEL）进行处置，URE负责人、各部门负责人和地方政府负责人等组成应急机制小组，同时启动重大事件对外沟通机制（COREG），负责把事故情况和对用户的影响及时告知用户。

（6）配电网运行指标管理。法国电网公司高中压电网互供和转供能力较强，设备可用率、投运率等指标不作为考核指标，主要考核的指标是用户平均事故停电时间（Critere B），这也是政府监管配电商的重点指标。在区域公司有专人负责控制这一指标，对其影响因素如设备停电计划、工程实施、外力破坏等进行实时分析和控制。

4. 用电和用户服务

从十几年前开始，法国电网公司对售电的优质服务不仅十分重视，而且措施有力。如今，他们在这一方面工作水平又有明显提升。在售电理念上，他们强调要从垄断型的公用事业转变为竞争型的公共服务。据介绍，从2007年度起，法国电网公司即以"留住回头客"的理念指导售电。为保证客户用电的连续性、可靠性，法国电网公司不仅制定了强有力的措施，而且有雄厚的硬件支撑，一般电力客户都有双电源，同时运用现代科学方法对电力市场进行调查分析和预测。法国电网公司还采取制作宣传品和向用电客户征询意见活动等各种方式进行售电宣传。

法国电网公司的绩效管理指标非常清晰明了。一是满足客户需求，如果客户投诉量下降则有所奖励。二是供电质量，政府要求每年的平均停电时间指标为52分钟，另加12分钟自然灾害可停电时间，同时要求发生自然灾害5天内恢复90%的供电。如果停电时间超过或减少一分钟，按400万欧元进行考核或者奖励，奖罚分明，很容易让人接受。三是团队理念，重点聚焦在提升服务质量和减少工伤事故、工会对话上。四是财务绩效，主要是考虑管理过程中如何降本增效。绩效的考核靠各级人员层层落实，整个流程清晰明了，各负其责，各部门经理交流沟通和衔接流畅，管理中不

存在推诿扯皮现象。

　　法国因受地理和气候条件影响，风灾和水灾时有发生，往往就会造成电网停运。法国电网公司积累了丰富的抗灾经验，拥有应急工作团队和设备，随时做好应急准备。同时，应急人员与政府部门建立了联动机制，特别是气象部门，往往能提前做好准备工作，应急预案详细完备，往往提前完成政府要求发生自然灾害 5 天内恢复 90％供电的任务。整个国家电缆入地工程也随着灾害的增多而推进。

 三　东京城市电网

　　日本东京电网供电总面积 39494 平方公里，2015 年最高负荷 4980 万千瓦（核心区——东京都面积约 715 平方公里，2015 年最高负荷 1524 万千瓦）。东京电力 2015 年供电可靠率为 99.999％，户均停电时间 5 分钟。东京在气候特性、发展定位、产业布局、电网规模、负荷密度及特性等方面与国内许多特大型城市（如上海）有较强的可比性，其先进理念、丰富经验、标准规范对于国内建设世界一流城市电网具有很强的借鉴意义。

　　1. 电网结构和设备

　　东京电网电压等级标准包括 1000 千伏、500 千伏、275 千伏、154 千伏、66 千伏、22 千伏、6.6 千伏、415 伏、240 伏、200 伏、100 伏。其中：154 千伏只出现在东京的外围，而 22 千伏则是在东京中心的负荷高密度地区采用；415 伏、240 伏为银座、新宿等超高密度地区的低压标准电压。1000 千伏网架目前是降压运行。

　　东京电网结构为围绕城市形成 500 千伏双 U 形环网，由 500 千伏外环网上设置的 500/275 千伏变电站引出同杆并架的双回 275 千伏架空线，向架空与电缆交接处的 275/154 千伏变电站供电，然后由该变电站向一方向引出三回 275 千伏电缆，向市中心 275/66 千伏变电站供电，每三回电缆串接三座 275/66 千伏负荷变电站，然后与另一个 275 千伏枢纽变电站相连，形

成环路结构。标准频率为 50 赫兹。

(1) 22 千伏电缆网。东京 22 千伏电缆网主要适用于东京银座等高负荷密度区，采用单环网、双射式、三射式三种结构。

1）单环网：用户通过开关柜接入环网，满足了单电源用户的供电需求，正常运行时线路负载率可达 50％，如图 6-5（a）所示。

2）双射网：每座配电室双路电源分别 T 接自双回主干线（或三回主干线中的两回），其中一路主供，另一路热备用，满足了双电源用户的供电需求，线路利用率可达 50％，如图 6-5（b）所示。

3）三射网：每座配电室三路电源分别 T 接自三回主干线，3 回线路全部为主供线路，满足了三电源用户的供电需求，正常运行时线路负载率可达 67％，如图 6-5（c）所示。

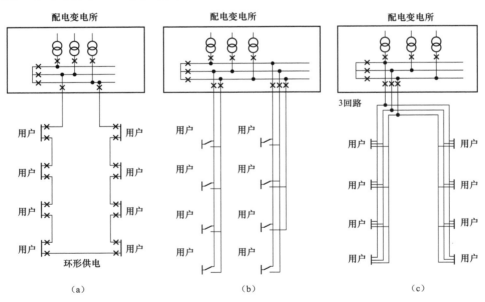

图 6-5　东京 22 千伏电缆网

(a) 单环网；(b) 双射网；(c) 三射网

(2) 6 千伏配电网。6 千伏配电网适用于东京高负荷密度区之外的一般城市地区，包括多分段多联络架空网及多分割多联络电缆网两种结构。

1）多分段多联络架空网：一般为 6 分段 3 联络，在故障或检修时，线路不同区段的负荷转移到相邻线路，如图 6-6 所示。

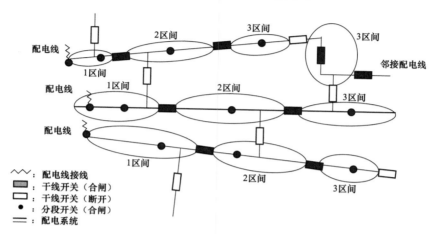

图 6-6 多分段多联络架空网

2）多分割多联络电缆网：从 1 进 4 出开关站的出线构成两个相对独立的单环网，在故障或检修时，线路的不同区段的负荷转移到相邻线路，如图 6-7 所示。

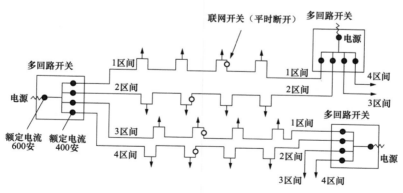

图 6-7 多分割多联络电缆网

2. 自动化和通信

日本供电可靠性处于世界领先地位。日本东京配电自动化 100% 全面覆盖但智能化程度并不高。

日本东京从上个世纪 80 年代开始大范围推广配电自动化系统。其方案经历了三个阶段的演化，即从基于重合器的馈线自动化到依靠通信系统的配电自动化阶段，最终演化到基于计算机和通信系统的高级配电自动化阶段。目前配电自动化方案主要采用了一种分布/集中混合式方式，也即所谓 CB+DM 方式。故障的定位采取分布式，依靠断路器和开关的配合在本地自动完成故障的定位和部分线路的恢复供电，然后主站根据故障定位结果，采用遥控方式自动恢复其他部分的供电。在事故处理及正常检修时，大大缩短了负荷开关的操作时间。

日本东京电力的高级配电自动化系统，除了能够灵活调整线路的运行方式，提高配电网负载率外，甚至还能够监视电能质量，通过记录瞬时故障产生的零序电流监测配电线对地绝缘状态。

6 千伏多分段多联络架空网的 6 千伏架空线路事故时，通过配电自动化系统确定事故区间，把事故时的停电范围控制在最低限度，如图 6-8 所示。

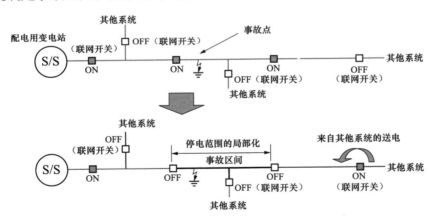

图 6-8　通过配电自动化系统缩小停电范围

3. 运行维护

日本东京电力公司信息系统覆盖了公司生产、经营、管理的全部主要业务的应用，涉及的主要业务有：生产管理、电力营销、财务管理、人事管理、行政管理、经营决策、办公自动化、门户网站。东京电力 ERP 和生

产、经营、管理系统完全集成，形成了公司生产管理、电力营销、财务管理、人事管理、行政管理等业务应用的一体化信息系统。信息化建设注重整体性、实用性。东京电力公司的信息网络设备，不是最先进的，但网络覆盖面广、信息通畅、应用系统非常实用，公司的生产、经营、管理等全部日常工作都依靠信息网络完成。早在 20 世纪 80 年代，公司就开始重视 GIS 在电力生产系统中的应用，设有专门负责 GIS 的设计规划小组和开发研制队伍，基础数据完备、运行性能可靠，覆盖面广泛。

与世界其他区域相比，东京电力公司的配电可靠性指标很高，处于国际先进水平。而且配电网的结构、配电自动化及资产管理的水平也非常高，很好地支撑了极高供电可靠性的实现。

特别值得一提的是，东京电力公司的带电作业技术相当成熟，是东京电网高可靠性供电模式的一大特色。东京电力公司自 20 世纪 80 年代起为减少作业停电，对于 6 千伏以下的配电工程在全公司范围推行带电作业法。随着用电的水准提高和需求的多样化，停电施工变得越来越困难。即便可以停电施工，在时间上也有很大限制。一般需要安排在夜晚或早晨。而带电作业也因设备越来越密集，开始需要改善作业环境。

东京电力公司积极开发用于工程的开闭器、旁路电缆、附属工具等带电作业的各类装备，以阶段性方法对带电作业器材进行实用验证。完成制定了 15 种带电作业器材和 22 种防线工具的规格。同时分阶段制定了不同目标，如消除 3 小时以上的停电施工等。

东京电力公司为了大幅提高安全性和作业可行性，使用高空作业车（绝缘斗臂车）进行带电作业的方法已经成为标准作业法。带电作业分为直接带电作业和间接带电作业。直接带电作业是操作人员佩戴防护用品后直接在设备上施工。间接带电作业时使用绝缘棒等工具进行间接作业。

东京电力公司在全公司范围推行带电作业后，计划性停电时间由之前的 40～70 分钟/户减少至 2～10 分钟/户。

4. 用电和用户服务

东京电力公司设立客户服务中心，每天 24 时开通客户服务。客户中心人员由正式职员和派遣职员构成。派遣职员专门负责因搬家而结算电费的业务及新用电申请业务。其他业务由东京电力职员负责。东京电力公司正在考虑今后逐渐增加派遣职员。客户一打进电话，号码通知自动显示客户的个人信息。客户反映完问题后，接到电话的时间、接电话的工作人员、通话时间、目前情况等被保存到系统中。市长等打来的电话直接由所长接听。

客户中心人员的监督由管理员完成。管理员可以通过系统掌握在线的受理情况。受理时间如果超过十分钟就有红色显示，管理员以此提醒工作人员。而且客户中心设置电子显示板，所有职员能够了解在线等待服务的客户数、客户的最长等待时间、可以接听客户电话的人员数等。

东京电力公司的受理窗口有收费窗口和新用电窗口。窗口的营业时间为 8：40 至 17：20，周六、周日休息。中午 12：00 到 13：00 不营业。新用电申请只有电力单位可以进行。虽然没有明确标出所需施工天数，但标明拉入户线等小规模施工在 7 天以内，拉总线及安装变压器的大规模施工在 14 天以内，需要立电杆的在 21 天以内。紧急情况时个别对待。过程为：①在窗口受理；②设计员去用户方现场查勘；③施工；④检查内线。另外，拉入户线的小规模工事的情况下，不赴现场查勘而是采取在受理的同时进行设计，在窗口处决定检查日期的"一站式服务"。而且，近年来开始受理通过传真和网络渠道申请的业务。

大用户和小用户都每月查一次表。查表员去用户方，用轻便（电子计算机）终端装置计算出电量使用量和收费金额，当场打印出查表票和收货单。大用户的收费单四天后会邮寄。而且，电费可以去东京电力公司的营业窗口或便利店、邮局、银行等交付。其中，大用户指合同容量超过 50 千伏安的客户、小用户指合同容量不足 50 千伏安的客户。

大用户和小用户的缴费期限皆为查表后的 30 天之内。在第 34 天发催交单。之后至少上门通知缴费 2 次，第 56 天进行最后一次上门通知，通知

客户要予以停电。第 62 天停止电力供应。

第二节　国内一流城市电网建设实践

 配电自动化示范项目

配电自动化是实现智能配电网的重要组成部分，以一次网架和设备为基础，以配电自动化系统为核心，综合利用多种通信方式，实现对配电系统的监测与控制，并通过与相关应用系统的信息集成，实现配电系统的科学管理。

2010 年国家电网公司批准在天津中心城区开展配电自动化第二批试点工程。该中心城区总面积约 6.512 平方公里。依据《天津市空间发展战略规划》和国家批复，结合中心城区布局，未来该区域将建成天津市市级行政中心和文化中心，该地区负荷以政府机构、商业负荷为主，属于电网规划建成区，网架结构基本稳定，区域内有市政府等重要部门以及天津大礼堂、迎宾馆、喜来登大酒店等很多重要用户，对供电可靠率的要求很高。试点工程以国家电网公司的管理要求和技术规范为原则，实现标准化建设、规范化管理。应用计算机和通信技术，对试点区的配电设备进行自动化改造，实现 10kV 配电设备调度的可视化；建设 1 座集成型配电自动化大型主站和 7 座通信汇集型配电自动化子站。研发图、数、模一体化数据库，初步实现符合国家电网规范的基于信息交互总线的 GIS、PMS 等应用系统的信息集成；实现标准型向集成型过渡的配电自动化模式，初步建成配电调控一体化管理技术平台。工程解决了试点区域配电调度的"盲调问题"，丰富了配电网调度控制和运行手段。实现了配电故障自动隔离和非故障区域

的快速恢复供电，试点区域内年用户平均故障停电时间仅有 5 分钟，实现供电可靠率 99.999％。

2010 年，天津静海地区作为国家电网公司农电智能化试点，在团泊新城开展配电自动化建设。试点工程建成小型配电自动化主站系统 1 套，覆盖 12 条配电线路，对农村线路的架空变台、开关站分别采用三种型式的配电终端，实现用电采集和运行控制的一体化改造，建立农村配电线路可视化平台，整合营配信息，初步实现线路线损的准实时统计分析，为公司农村地区的配电自动化改造提供经验。

2011 年，在天津滨海建成大型配电自动化主站系统，系统主站具有分布式电源接入、自愈等高级应用功能，初步具备了智能型配电自动化系统特征。在中新天津生态城 4 平方公里起步区内，按照配电网规划，对配电自动化建设随着配电网架建设一次建成投产，实现起步区配电接入层光纤全覆盖，配电线路自动化全覆盖。生态城智能电网配电自动化系统建设，对分布式电源接入、智能自愈等高级应用进行了初步开发和部署，为公司配电自动化主站建设和配电网规划新建区的智能配电网建设积累了经验。

2012 年，国网天津市电力公司作为国家电网公司重点城市配电网示范工程建设试点单位，在和平、河西两个行政区 22 平方公里的核心区域，开展具有国际先进水平的城市配电网示范工程建设。通过对区域配电设备改造，以及开展电缆不停电作业和配电网状态检修工作，供电可靠率达到 99.999％，综合电压合格率达到 99.9％以上。实现了供电可靠率等十二项关键指标的提升，初步建成以客户服务为中心、坚强的智能化城市配电网。

2013 年，国网天津市电力公司根据国家电网公司开展配电网标准化建设的要求，高起点开展智能配电网工作，进一步优化完善配电网网架结构、升级配电自动化系统及抢修指挥平台、扩大配电自动化建设区域。完成城市核心区 88 平方公里范围内配电网建设改造（市区核心区 80 平方公里、滨海中心商务区 8 平方公里），实现核心区 99.999％的供电可靠性，用户平均故障停电时间小于 5 分钟；建设完善城南公司 22 平方公里智能配电网络。

截至 2013 年，实现市区核心区和滨海新区中心商务区全覆盖，配电自动化覆盖 116 平方公里区域。

2014 年，天津公司启动了"世界一流城市供电网建设行动计划"，配电自动化作为重要组成部分纳入整体行动计划，在全面总结试点经验的基础上，按照一流城市供电网标准，全面推进天津公司配电自动化建设。截至 2016 年底，天津地区配电自动化覆盖面积为 961.5 平方公里，配电线路自动化整体覆盖率约 68.97％，其中市区配电线路自动化覆盖率约 99％，配电自动化站点覆盖率约 66％；滨海地区配电线路自动化覆盖率约 63.61％，配电自动化站点覆盖率约 55％。实现了 SCADA 和集中式馈线自动化等功能，能够通过配电主站和配电终端的配合实现配电网故障区段的快速切除与自动恢复供电，并可通过信息交互总线实现与上级调度自动化系统、生产管理系统、电网 GIS 平台、营销系统等其他应用系统的连接。通过配电信息的整合，基本实现了配电生产、调度、运行及用电等业务的闭环管理。

2017 年，天津启动了新一代一体化配电自动化管理信息大区主站建设项目，采用"生产控制大区分散部署、管理信息大区集中部署方式"，按照"地县一体化"升级构建新一代配电自动化主站系统，实现国网天津市电力公司范围内主站建设"功能应用统一、硬件配置统一、接口方式统一、运维标准统一"，服务天津地区配电自动化全覆盖建设要求。

（一）配电自动化系统结构

国网天津电力公司新一代配电自动化主站选用标准化、通用型软硬件。地市生产控制大区应用部署在各地市服务器上；地市的管理信息大区应用集中部署在国网天津市电力公司信息管理大区配电主站上。系统以大运行与大检修为应用主体，具备横跨生产控制大区与管理信息大区一体化支撑能力；系统基于信息交换总线，实现与 EMS、PMS2.0、配电自动化主站管理信息大区云平台等系统的数据共享，具备对外交互图模数据、实时数据

和历史数据的功能，支撑各层级数据纵、横向贯通以及分层应用。新一代配电自动化系统体系构架如图 6-9 所示。

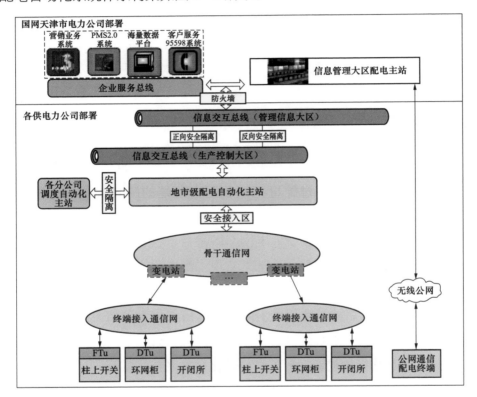

图 6-9　国网天津电力配电自动化系统构架

各地市分公司配电自动化主站负责各分公司所有专网通信的配电自动化终端数据直接采集、配电网运行监控的功能实现；实现与 EMS 系统的信息交互，满足馈线自动化等功能实现要求；地市级实现信息跨区，再经由地市级信息管理大区对接省级配电主站系统，实现数据同步、模型同步、消息同步等。

国网天津市电力公司配电自动化主站负责天津地区所有公网通信的配电自动化终端的数据采集、配网运行状态管控的功能实现；对接地市配电主站系统，实现跨区数据同步、模型同步、消息同步等；实现与 PMS2.0

系统、用电信息采集系统、国网配电自动化指标分析系统、海量数据平台、智能化供电服务指挥系统等信息交互。

（二）建设原则

1. 故障处理原则

在天津主要城区以及开发区等经济较发达地区，采取全自动集中式处理模式，在无需人为干预的情况下达到对线路故障段快速隔离和非故障段恢复供电的目的。

在天津市远郊以及其他经济欠发达地区，采取半自动集中式处理模式，在仅需少量人为干预的情况下实现故障处理策略的制定，同时在人工现场操作的配合下达到对线路故障段快速隔离和非故障段恢复供电的目的。

2. 主站建设原则

（1）根据天津地区配电网规模和应用需求，采用"配电主站＋配电终端"两层结构，选用标准化、通用型软硬件进行系统升级部署，按照国家电网公司推荐模式建设天津地区配电自动化主站系统构架。

（2）以大运行与大检修为应用主体，通过配电自动化主站系统升级建设为运行控制与运维管理提供一体化的应用，满足配电网的运行监控与运行状态管控需求。

（3）基于信息交换总线，实现与多系统数据共享，具备图模数据、实时数据和历史数据的对外交互功能，支撑各层级数据纵向、横向贯通以及分层应用。

（4）安全防护遵循《电力监控系统安全防护规定》（国家发改委第14号）以及《中低压配电网自动化系统安全防护补充规定》（国家电网调〔2011〕168号）文件有关要求，遵循合规性、体系化和风险管理原则，符合"安全分区、网络专用、横向隔离、纵向认证"的安全策略。

（5）充分利用现有软硬件设备进行主站升级改造，实现设备最大化利旧使用，满足设备全寿命管理要求；新增设备优先采用国产软硬件设备配

置；对安全接入采集服务器采用国产化服务器及操作系统，满足安全防护需要。

3. 终端建设原则

根据天津市不同地区经济发展状况，配电自动化终端建设标准分以下5级：

（1）按照"电缆段＋站点"作为自动化控制单元，对配电线路每隔一个站点进行"三遥"改造，实现配电线路站点"准一户一控"。

（2）按照"2MVA 一分段"原则，线路分段点、分支点及联络点按"三遥"配置终端，其他站点按"二遥"配置。

（3）按照"3MVA 一分段"原则，线路分段点、重要分支及联络点按"三遥"配置终端，其他站点按"二遥"配置。

（4）线路分段点、耐张段、分支点、用户分界点以"二遥"为主，联络点辅以少量"三遥"。

（5）线路分段点、耐张段、分支点、用户分界点以"二遥"为主，经分析后联络点辅以少量"三遥"。

4. 设备改造原则

设备改造应在遵循全寿命周期管理理念基础上，根据配电自动化建设过程中对不同供电区域内站点的改造要求，提出在不同供电方式和不同终端配置的情况。

实施配电自动化改造的"三遥"站点，其内部一次设备满足改造要求时，进行返厂轮换改造添加电动操作机构等装置；不满足改造要求的老旧设备实施整体更换；对于接近报废年限设备，暂不改造，等报废后新建。"三遥"和"二遥标准型"改造站点添加二次小室、DTU（FTU）、通信装置等设备。"二遥基本型"改造站点添加具有通信功能的故障指示器。

5. 通信建设原则

配电通信网的建设是配电自动化建设的重要组成部分。结合配电网建设和改造的特点，配电通信网建设也遵循差异化、灵活性的建设理念，对

于新建区域，通信网建设和电网建设在规划、设计、施工、投运、验收等阶段同步开展，全部按照光纤通信方式配置；对于建成区域配电通信网建设，由于受到各方面制约，应采用灵活多变、先易后难、先普及后升级的建设方针，首先实现站点通信功能，后续有条件提升通信能力和质量。建成区配电通信网的建设，应在既有配电通信网建设规划基础上，结合一切机会敷设专用光缆。

（三）建设成效

国网天津市电力公司以全面增强配电网供电能力、提升配用电安全水平、改善服务质量为目标，遵循配电网资产全寿命周期管理理念，开展配电自动化建设，逐步建成自动化配置完善、运行维护高效、智能化程度高、配电技术达到国际领先水平的现代配电网，为社会建设、经济发展、人民生活提供优质电能，从而带来可观的社会效益。

1. 全面提高配电网供电可靠性

随着配电自动化系统的逐步应用，在配电线路安全运行和故障处理方面将得到最为明显的收益，通过配电自动化系统的故障研判功能，大大缩短故障处置时间，供电可靠性大幅提升。

2. 实现配电网低碳高效运行

实施配电自动化后，可以优化运行方式，使线路损耗降至最低；通过配电自动化在线理论线损分析，结合与用户集抄、需求侧管理、营销管理系统等信息交互，针对性解决高线损线路问题。且随着配电自动化的实施、调控一体化模式的实践，配电网运行管理效率提升，线损将逐步下降，电能损耗有效控制。同时，对线路进行实时监测后，可以及时发现窃电行为，使窃电的可能大大降低，提高线损管理水平，切实降低线损率。

3. 实施状态检修优化设备运行

配电网改造建设工程完成后，改造区内配电网设备状态检修率将提高到100%，优化设备检修周期，减少设备检修成本；保障设备全寿命周期的

安全可靠运行，最大限度延长设备寿命，提高设备投资周期，从而节省了设备故障更换支出。

4. 配电网可观可控调高管理水平

实现了遥测、遥控功能和馈线自动化等功能后，大部分负荷测量和操作等都不需要人工到场进行了，这样一方面可以减少相关运行操作人员的数量，另一方面减少了出车次数，也可以相应减少车辆配备和日常开支。

5. 业务信息贯通提高运营水平

以配电自动化建设为契机，建成面向智能电网的信息交互总线，实现各系统之间实时信息、准实时信息和非实时信息的交互，为多系统间业务流转和功能集成提供数据支撑。在信息交互总线的基础上，以松耦合的方式实现应用系统之间的信息共享，实现配电网规划、建设、运行、维护、营销等各业务信息共享和管理流程再造。通过总线整合配电信息，外延业务流程，扩充和丰富配电自动化的应用功能，支持"五大"体系下配电网运营各项业务的闭环管理，为配电网安全和经济指标的综合分析以及辅助决策提供服务，进而提高电网智能化水平，减少电网公司运营成本。

二　多能协同主动配电网示范项目

主动配电网利用先进的电力电子、信息及通信技术对规模化接入分布式能源的配电网实施主动管理，能够自主协调控制间歇式新能源与储能装置等分布式发电单元，积极消纳可再生能源，同时能够确保电力系统的安全经济运行。主动配电网具有拓扑结构灵活、潮流可控、设备利用率高等优点，未来将成为能源传输配送的主要载体（见图6-10）。

下面将介绍北京市北部某地区的多能协同主动配电网示范项目。该地区拥有丰富的太阳能、生物质能、地热能、风能、水电等可再生资源，已

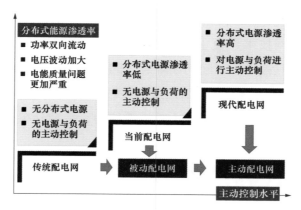

图 6-10　主动配电网特点

建成新能源发电项目总计 160.9 兆瓦，除风电、光伏外，还包括小水电 4兆瓦，沼气发电 2.4 兆瓦，光热发电 1.5 兆瓦。规划建设的新能源总量如果能够得到充分的开发，风光气新能源发电装机预计可达 300 万千瓦（3000 兆瓦），年发电量预计达 60 亿千瓦时，将远远超过该地区自身的电力需求。

为充分利用地区丰富的清洁能源资源，开展多能协同主动配电网示范项目。该项目主要内容如下。

1）基于柔直互联装置，建设主动配电网网架。

2）建设低压直流网络。

3）建设多能源协同调控中心。

（一）主动配电网网架

利用柔直环网技术建设交直流混联开闭站，作为主动配电网的中心站，构建主动配电网的网架，动态调节母线间潮流，提高设备利用率，提高分布式电源渗透率。地区配电网采用断路器组成闭环运行的单环网，提高供电质量和可靠性。充分考虑开发区电源、负荷及可控对象情况，在电网关键节点、重要负荷、分布式电源安装智能配电终端 IDU。

1. 10 千伏交直流混联开闭站建设

利用柔直环网技术建设主动配电网的中心站，利用柔性直流互联装置，连接开闭站三段母线，起到闭环运行的等效效果，并提供动态无功支撑，如图 6-11 所示。实现开闭站三段母线之间的潮流灵活控制和母线功率平衡，实现母线间有功支援和无功支撑能力，平抑分布式电源和负荷的波动。

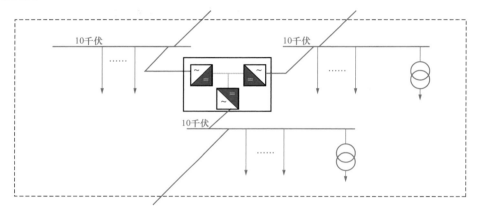

图 6-11　柔直开闭站示意图

2. 某微电网群接入

项目包括 2.1 兆瓦光伏、60 千瓦风电、2.5 兆瓦储能，建设在园区内 7.2 万平方米屋顶（由 25 座、53 个单体规模 500～3000 平方米的中试用房组成，同时配备新能源技术展示中心、入园企业接待中心、入园企业配套服务中心、创新企业租用研发用房的设施）之上。预计本项目最大并网功率 1.7 兆瓦，按照年等效满负荷运行 1200 小时计算，年发电量约 240 万千瓦时，规划通过 10 千伏接入电网。

3. 某新能源示范基地接入

项目包括亚洲最大的太阳能光热发电系统，并同时建有分布式光伏、风电、直流微电网等，分两期建设。一期装机容量为 1 兆瓦，已经建设完成，二期工程在一期基础上装机容量扩容至 5 兆瓦。由于当地负

荷小，无法实现新能源的消纳，通过接入主动配电网，实现新能源的充分消纳。

4. 某分布式屋顶光伏接入

开发区已建成 15 兆瓦的直接并网的分布式屋顶光伏。对于具有分布式光伏的用户，与 10 千伏或 0.4 千伏母线并网采用 PCC 并网开关柜，实现计量、监控、保护、同期投入切除等功能。

5. 建设开发区多元数据采集系统，增强主动配电网调控能力

在配电网配置同步动态信息测量的综合配电量测单元及其他采集单元，采集配电网重要设备、用户重要设备、分布式电源、柔直装置多源信息，实现用户用能行为预测、发电特性估计、网络参数辨识，支撑对主动配电网运行态势的深度感知，支持重要分布式电源、负荷和电网设备调控。提高主动配电网的可观可控性，为多能源协同调控中心提供多元数据采集。

（二）低压直流用电网络

本示范工程建设的低压直流用电网络，建设充电与 V2G 连续受控的新型电动大巴充电站和 LED 路灯充电桩一体化系统，利用停车场建设光伏车系统，基于动力电池的梯次利用配置适量的储能系统，构成充、放、发、储"四位一体"的直流配用电体系，实现未来低压直流用电网络示范。

本项目低压直流用电网络拟选定在某停车场进行建设，采用如下方案：保持现有的停车位布局不变，在停车位上方设置光伏车棚，以光伏组件作为车棚的棚顶，水平铺设。与电动汽车充电站配合设置，充分体现绿色能源，绿色出行的理念，充分发挥直流用电网络优势，实现潮流灵活调控、负载均衡，区域优化、交直流互支持的优点。

总体方案示意图如图 6-12 所示。

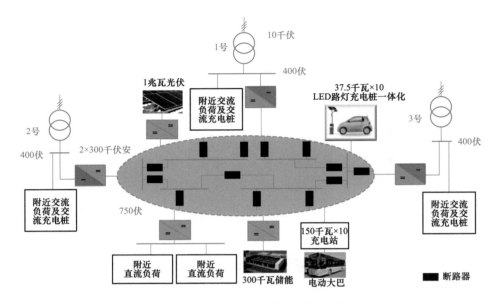

图 6-12　低压直流用电网络建设方案示意图

（三）多能协同调控中心

能源管理中心是未来能源互联网的大脑，是示范工程的智能中枢，通过与各个区域能量管理系统的互联互动，为各种能源形式的相互转化和相互补充，以及跨区域能量优化平衡提供全局优化决策。

本项目的核心设计思想是实现构建"区域自治控制，中央优化决策"的系统运行模式，其总体架构如图 6-13 所示。

通过各区自建的能量管理系统来实现自身的设备级控制，调控中心是中央优化决策的部分，主要负责进行全局的中央决策，而实际任务的响应和执行依靠各地的区域管理系统自治控制。因此，系统运行主要方式是"决策—执行—反馈—校验分析"的模式。

在多能源协同调控应用系统上，构建实时运行监控、实时数据分析、主动配电网快速仿真分析和协同优化调控分析四大模块，应用分布式电源

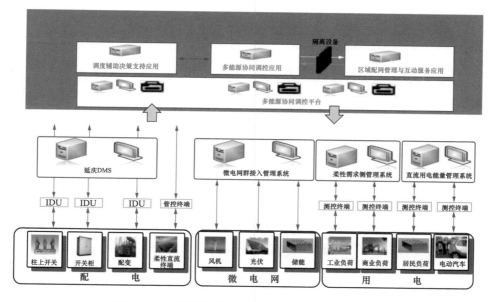

图 6-13 多能源协同调控中心系统总体架构

梯级利用、柔直转供和柔性需求响应等手段,通过各区域系统的多种能源协同控制,实现平抑新能源波动,实现分布式新能源的充分消纳及区域能源的协同优化控制。

在调度辅助决策支持应用系统建设方面,构建调度辅助决策管理和调度决策辅助分析两大功能模块,实现对各方数据的记录、筛选、比对和融合,通过能源管理数据分析挖掘实现对联盟成员的行为过程分析、未来的运营趋势分析,实现对成员的贡献度评价及运营预案的编修和管理,通过行为态势图进行展示,辅助联盟制定运营决策。

在区域配网管理与互动服务应用系统建设方面,重点建设能源综合预测、智能供能管理和能源综合利用分析三大功能模块,实现网格分布式发电预报服务、分布式能源接入咨询及评估服务等,通过发布及定制相关的公共服务,为电网、用户、企业、政府、社会等角色按需提供能源管理和公共服务。

 智能电网综合示范项目

中新天津生态城（以下简称"生态城"）位于天津滨海新区，规划面积34.2平方公里，人口35万人，是中国、新加坡两国政府应对全球气候变化、节约资源能源、建设和谐社会的重大合作项目。按照生态城总体规划，可再生能源利用比例将不小于20%，100%为绿色建筑，绿色出行比例达到90%，人均能耗比国内城市人均水平低20%以上，为世界其他同类地区提供借鉴和参考。

国网天津市电力公司于2010年和2014年分别启动了中新天津生态城智能电网综合示范工程和创新示范区两大项目，分别开展了分布式电源接入、智慧家庭等16个子项目建设，打造城市能源互联网建设样板，为生态城提供清洁、便捷、安全、友好的能源供应保障。

（一）中新天津生态城智能电网综合示范工程

2009年，国家电网公司提出坚强智能电网发展战略，并启动实施了一批智能电网试点示范工程。生态城提出的"生态环保、节能减排、绿色建筑"城市发展建设主题，与国家电网公司建设坚强智能电网的内涵高度契合，从而促成中新天津生态城智能电网综合示范工程成为首个进入实质性建设的智能电网综合性示范工程。

中新天津生态城智能电网综合示范工程遵循"能复制、能实行、能推广"的总体思路，从电力流、信息流、业务流统一融合的角度，基于智能电网六大环节一个平台（发电、输电、变电、配电、用电、调度和通信信息平台），从电源侧、电网侧和用电侧三个方面建设分布式电源接入、微网及储能系统、智能变电站、配电自动化、设备综合状态监测系统、电能质量监测系统、可视化平台、用电信息采集系统、智能小区/楼宇、电动汽车充换电设施、智能营业厅、通信信息网络等12个子项工程（见图6-

14）。项目于 2011 年 9 月 19 日建成投运，截至目前已连续安全稳定运行近 6 年，取得了良好效果，对世界智能电网的发展起到了引领和示范作用。

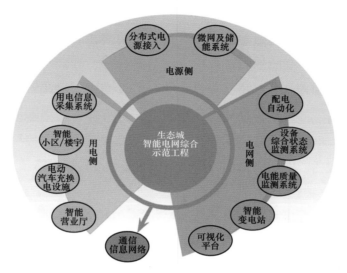

图 6-14　工程总体架构

1. 分布式电源接入

蓟运河口风电项目位于蓟运河和永定新河的汇合入海口处，装机规模 4.5 兆瓦，共装设 5 台单机容量为 900 千瓦的风电机组，以 10 千伏电缆汇集至 10 千伏配电站。风电场 10 千伏户内配电装置采用单母线接线，风电机采用一机一变的电气接线方式，每台风机接一台 1 兆伏安升压变压器，将机端电压 0.69 千伏升压至 10 千伏，然后将 5 台发—变组的 10 千伏侧通过 1 回 10 千伏电缆连至风电场 10 千伏配电装置，最后通过 1 回 10 千伏电缆接入和畅路 110 千伏变电站的 10 千伏母线。

2. 微网及储能系统

微网及储能系统是由 30 千瓦光伏、6 千瓦风机构成分布式电源，以 15 千瓦×4 小时锂离子电池作为储能设备，以 10 千瓦照明和 5 千瓦电动汽车充电桩共 15 千瓦作为微网负荷，通过微网能量管理系统实现智能控制和经

济运行。该系统包括分布式电源系统、储能系统、能量管理系统、配电系统、谐波治理和无功补偿、负荷控制系统和微网保护系统。微网系统电压等级为 380 伏，采用单母线接线方式，进线 1 回，出线 8 回。

3. 智能变电站

和畅路 110 千伏智能变电站体系结构遵从《智能变电站技术导则》的要求，由站控层、间隔层和过程层三层设备组成，并用分层、分布、开放式网络系统实现连接，整个体系结构为"三层两网"结构。三层设备分别是过程层设备、间隔层设备和站控层设备。过程层设备指智能一次设备及其过程接口，间隔层设备指保护测控等智能二次设备，站控层设备指监控系统等后台设备。两层网络指的是站控层网络和过程层网络。

4. 配电自动化

生态城智能配电自动化系统具备配电 SCADA、馈线自动化、电网分析应用及与相关应用系统互连等功能，主要由配电主站、配电终端、配电子站和通信通道组成。其配电网络采用环网供电、开环运行的方式，具备互联互供能力，达到"$N-1$"要求，个别重要线路和负荷达到"$N-2$"的要求。线路分段点与联络点设置合理，网架结构清晰可靠；每段线路间的负荷均匀，正常供电方式下能满足 $N-1$ 准则。"三遥"覆盖率 100％，并配备相应的电动操动机构和交、直流电源。

5. 设备综合状态监测系统

在生态城起步区智能营业厅建立基于和畅路 110kV 智能变电站变电及输电设备在线监测的综合状态监测平台，规范各类输变电设备状态监测装置的数据处理、接入和控制，实现重要输变电设备状态和关键运行环境的实时监测、预警、分析、诊断、评估和预测等功能，并集中向生产管理系统、可视化平台等提供标准的状态监测数据，为促进设备状态、电网运行和资产管理的互动和优化提供技术支撑。

6. 电能质量监测系统

本项目建立了一套统一开放的电能质量在线监测系统，包括 1 个主站

系统和 35 个监测终端，对电能质量问题进行实时监测和掌控，极大提高了对电能质量的监测、管理及治理的能力，有力保证了电网的安全稳定运行。电能质量监测系统按照分层、分布式结构组建而成，分为监测设备层、服务层和客户层。监测设备层具有数据采集功能，以统一格式将数据传输至服务层，由监测终端构成。服务层具有监测数据管理与分析、系统维护、权限管理、生成电能质量报表等功能，是监测设备层、客户层之间数据交互的纽带，由若干服务站（主站）构成。客户层具有监测数据访问、浏览、查询等功能，通过网络访问服务层，由若干个客户端构成，通过 Web 服务器访问服务层。

7. 用电信息采集系统

本工程系统主站采用目前天津市电力公司统一用电信息采集主站系统，主站的前置系统能够支持每天 96 个采集点的大数据量的宽带采集处理能力。对起步区约 3 万户均安装智能电能表，实现用电信息采集。小区用电信息采集采用无源光网络 EPON＋RS－485 的通信技术。

8. 智能小区/楼宇

本工程实现了不同类型用户智能化集成用能管理，整合了智能小区、智能楼宇、智能工业用户等的应用模型，建立了一体化管理监控平台。智能用电小区通信方式采用以太网无源光网络（EPON）技术组网，在嘉铭红树湾小区内试点的两栋楼 1 号、4 号内的 116 户 ONU 设备配置"三网融合"数据接口，包含网络、电话、电视接口。

9. 电动汽车充换电设施

生态城电动汽车充换电设施建设永定洲电动汽车充电站，该站位于生态城起步区中央大道与和睦路交口处西北侧，是一座大型充电站，为充电站与公交车站合建项目。占地面积约 4000.5 平方米，共有车位 16 个，其中可充电大型车位 8 个，可充电中型车位 4 个，普通车位 4 个，设置直流充电桩 12 个，交流充电桩 4 个。建成后可满足纯电动公交车、纯电动工程车（中型车）、纯电动轿车等的充电需求。配套建设变电站一座，安装容量为

2×630千伏安。

10. 通信信息网络

电力通信网络是实现中新天津生态城智能电网综合示范工程总体目标重要的支撑平台，是智能电网数据采集、处理、传输、应用以及保护和控制等功能实现的载体，确保通信网络安全可靠，灵活高效十分必要。其作用贯穿发电、输电、变电、配电、用电、调度六个环节，实现电网运行与控制、企业经营管理、营销与市场交易三大领域的业务与信息化的融合。为实现对中新天津生态城智能电网的全面支撑，建立了覆盖生态城所有工程项目子项，并满足所有子项的各种对通信通道的类型、带宽、延时以及安全分区等要求的综合通信网络。

11. 可视化平台

中新天津生态城智能电网可视化平台展厅位于生态城智能营业厅的第四层，展厅总面积 860 平方米。通过建设区大片、运行区维度展示、实物区实物模型、互动区互动动画等方式，特别是运行区利用智能电网运行场景的三维模拟，从绿色能源利用、城市碳足迹、社会满意度、电能保障、用户体验、业务创新 6 个维度，展现生态城智能电网的运作态势。可视化运行系统则围绕智能电网运行、智能检修、智能用电三大业务主题，设计了清洁发电、智能变电、配电自动化、微电网、电能质量、输变电设备状态监测、配电设备状态监视、用电信息采集、电动汽车充电设施、用电用能服务等业务场景，建立城市区域智能电网环节分布式电源、智能变电站、微电网、电动汽车充换电设施等三维模型，将设备运行状态与三维场景相结合实现监视和展示，以全面展示智能电网的坚强可靠、清洁高效、智能互动的内涵。

12. 智能营业厅

智能营业厅充分考虑客户办理业务的便捷性、厅内人员流动的有序性，实现业务办理与智能用电展示相结合。按照国家电网公司 A 级营业厅标准，大厅内划分为引导区、业务待办区、业务办理区、收费区、展示区、洽谈

区、自助营业区等七个功能区。智能营业厅既提供实体区域和自助区域，服务于到达营业场所的电力客户，又提供网上营业、手机营业等网络服务，搭建与客户随时随地的沟通渠道。智能营业厅为实体营业、自助营业、网上营业、手机营业的四位一体营业厅。

（二）中新天津生态城创新示范区

2014 年，结合大数据、云计算、物联网和移动互联网等新兴技术，瞄准未来十年电网发展方向，国网天津市电力公司启动了中新天津生态城智能电网创新示范区建设。中新天津生态城创新示范区依托生态城已有的智能电网综合示范项目建设成果，在其基础上，结合智能电网、互联网、大数据及智慧城市等领域的最新技术和应用发展趋势，以构建城市能源互联网，有效引导城市能源生产结构与消费模式变革为建设导向，开展动漫园微电网、智慧家庭、自动需求响应、智慧城市综合能源信息服务平台等 4 个子项的建设工作，涵盖城市能源互联网各环节，并重点覆盖用电侧。

1. 动漫园微电网项目

在生态城动漫园依托 1.5 兆瓦冷热电三联供、922 千瓦光伏及 400 千瓦时储能，建设 2 个微电网系统，构成园区多微电网，实现分布式光伏渗透率高于 15%，光伏就地消纳率达 100%，供电可靠性达到 99.999%。

中新天津生态城动漫园微电网内部系统架构如图 6-15 所示。

2. 智慧家庭项目

该项目选取生态城 5000 户常住居民，开展居民用电信息互动。依据不同条件安装智能电器、即插即用一体化光伏发电装置、家庭网关、智慧家庭能源中心，建设智慧家庭服务平台，开展家庭能效分析及诊断，提供智能用电、智能家居、用户管理、终端管理和设备管理等系统服务。建设智能生活一站式服务中心及智慧家庭样板间，集中展示家庭智能用电信息，提供家庭智能用电体验。智慧家庭系统构架图如图 6-16 所示。

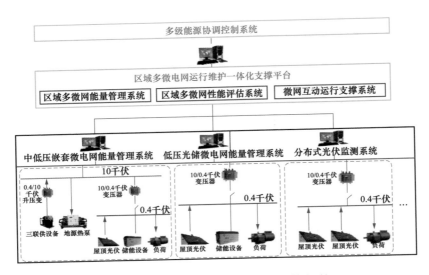

图 6-15　区域多微电网建设总体架构

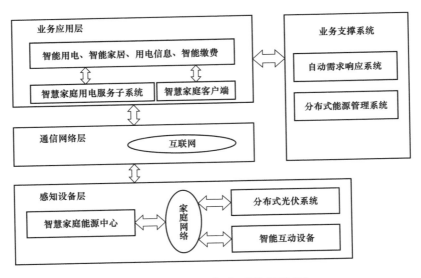

图 6-16　智慧家庭系统架构图

3. 自动需求响应项目

综合考虑生态城用户设备类型、可中断容量等因素，选取生态城内80%以上的专变用户（约 200 户）和100%的常住居民用户（约 5000 户）

参与自动需求响应，实现削峰填谷的目的，最大自动需求响应容量将达到10兆瓦。自动需求侧响应系统总体架构如图6-17所示。

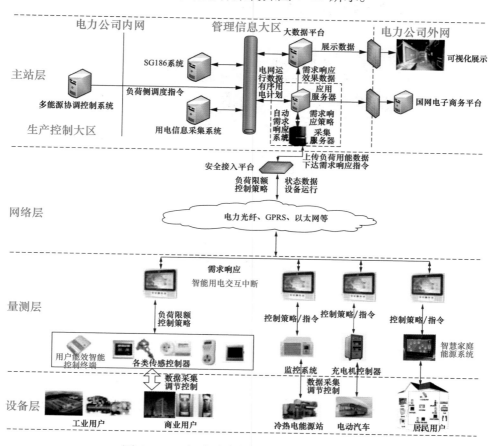

图6-17　自动需求侧响应系统总体架构

4. 智慧城市综合能源信息服务平台

在生态城建设基于能源大数据的能源信息服务平台，利用云存储、云计算和数据挖掘等技术，深度挖掘能源互联网的各类应用与业务模式，为当地政府、企业居民和电力公司提供节能减排、用能策略等智慧公共服务，使之成为支撑智慧城市运营、服务、展示智能电网的重要手段和窗口。综合能源信息服务平台技术架构如图6-18所示。

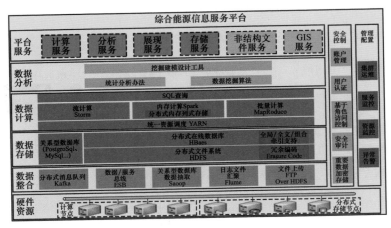

图 6-18 平台技术架构

本章小结

本章选取国内外先进城市供电网案例，介绍一流城市电网典型实践经验。

（1）介绍了新加坡、巴黎、东京等三座城市各具特色的电网结构、设备、自动化、通信、运行维护及用电和用户服务等方面的基本情况。这三座城市电网的高可靠性，一方面得益于坚强的网架结构，另一方面则得益于高水平的设备状态监测、评价、检修和带电作业技术。

（2）以配电自动化项目、多能协同主动配电网项目、智能电网综合示范项目为例，介绍国内典型一流城市电网实践。智能电网技术的研究和工程探索，为提高电网供电可靠性、提升清洁能源消纳率提供了平台保障，为一流城市电网的发展奠定了技术基础。

第七章

以世界一流电网促进世界一流城市建设

随着我国城市建设步伐不断加快，人们对于平衡、充分发展的生产生活需求不断增加，建设世界一流城市成为世界当下的热门话题。世界一流电网作为城市坚实可靠的能源基础，实现了产业的节能健康发展，创造了新型的产业，并加速了经济结构的转变，还实现了对社会环境和生产环境的改善，提升能源资源的利用率，并在很大程度上减少了能源的消耗，减轻碳的排放，对世界一流城市建设提供强有力的支撑。

第一节　世界一流城市建设方向

　　随着改革开放以来的不断深入发展，我国城市建设的步伐不断加快。据统计，我国每年进入新城市生活的人口已达上千万。在城市持续快速的发展过程中，城市的地位和作用得到了高度重视，也成为经济社会发展的重心。然而正是因为城市高速发展，我国的城市化和城市发展如今正处于关键的时刻，同时我国城市的发展也正面临着严峻的挑战。伴随着城市人口快速增长，城市的土地资源、水资源，以及能源等日益减少，一方面无法维持资源过量消费，另一方面也制约了城市的高速发展。目前，我国城市为了更快地发展，建设模式通常只看中数量的增长而忽略了质量的重要性，导致土地资源耗费过快，城市能源消耗也在不断攀升中。据不完全统计，2015 年我国超过 70％的能耗是城市能耗，这个数字预计在 2030 年将达到 80％以上。这不仅让我们城市自身发展受到很大限制，甚至使人类社会可持续发展也受到威胁，将带来一系列的问题，例如，加大了城市基础设施的压力、增加了交通管理的压力、环境恶化、资源短缺等。

　　面对城市发展的种种问题，我们需要在城市发展过程中通过持续创新来应对这些挑战。当务之急是需要找到一种使城市、人、自然和谐发展的创新之路。这条路将能转变传统城市化建设发展的方式。在这样的契机下，智慧城市的概念应运而生，开创了城市发展新的理念和新模式。

　　智慧城市主要覆盖城市居民、社会企业和政府三个维度，运用物联网技术、互联网思维、云计算等高新技术力量，在基础设施、资源环境、社会民生、经济产业、市政管理五方面，对城市各类活动和相应需求，比如，在城市居民的生活和工作方面、企业经营发展方面、政府行使职能方面等，

进行智慧的感知、互联互通、全面的处理和协调，从而形成一个新的城市体系。在这个新的城市体系中，城市居民可以有一个更好的生活和工作环境，企业拥有成熟完善的商业环境，政府将有一个高效的城市运营管理环境。我国高度重视智慧城市的建设发展。2013 年 7 月 12 日，李克强总理在主持召开的国务院常务会议上部署了智慧城市发展方向，他强调要在有条件的城市开展智慧城市试点工作。自此，我国进入智慧城市建设发展时代。当智慧城市建设风生水起时，雾霾来袭让我们不得不重新审视城市建设之根基。我国城市环境污染目前已愈加严重，雾霾已经遍布全国三分之一的城市，甚至出现"厚德载雾，自强不吸，霾头苦干，再创灰黄"等热门话题，如何缓解十面霾伏，保障呼吸安全已成为是民众最大的期待。2014 年"APEC 蓝"概念的出现，说明首都的雾霾成因与北京周边地区高能耗的生产、运输活动直接相关。能源问题的罪魁祸首来自不合理的能源生产和利用方式。在八部委联合发布的《关于促进智慧城市健康发展的指导意见》文件中，提出智慧城市建设的最终目的是打造宜居、舒适、安全的生活环境并实现城市的可持续发展，我国争取到 2020 年建成"一批特色鲜明的智慧城市"。智慧城市提升城市的空间感，充分运用于城市的全面发展，让城市可以以自由的方式发展。

　　智慧城市的重点是使城市智能化，同时侧重于人类的可持续发展。让城市"更美好"离不开"智慧"。智能水务、智慧交通、电子政务、节能低碳、智慧医疗……"智慧"的基因融合于城市，展示着城市的新面孔、新特征，于活力中强力支撑"中国梦"。智慧城市对于产业结构优化调整、社会经济发展、民生具有深远的意义。

 一　城市发展新特点

　　目前，智慧城市建设在我国还处于起步时期，我们在智慧城市的顶层设计的时候，可以围绕节能减排和优化环境进行规划和建设，以可持续发

展为出发点，借以提高城市的宜居度。可持续发展的要点是以人为本、与环境及资源相平衡。而资源不合理利用和开发、城市严重污染都是阻碍城市可持续化健康发展的重大问题，所以我们需要加快提高资源利用率，开发新型的能源，创建一个科学的城市能源供应体系，从而推进城市健康发展。智慧城市和低碳城市并非仅依靠清洁能源等单一要素就能实现的。可再生、分布式能源供应体系是每一座城市、每一个村落的现实需要。困扰我们的环境、能源和低碳问题，本质上是一个问题的不同方面。从根本上解决这些问题一定离不开能源的智能化。人类社会的发展将证明构建智慧城市、低碳城市离不开我们的智慧能源。

智慧城市是基于城乡一体化发展、城市可持续发展、民生核心需求三个方面，利用先进的信息技术和城市经营服务理念进行有效融合，通过对城市的地理、资源、环境、经济、社会等系统进行数字网络化管理，对城市基础设施、基础环境、生产生活相关产业和设施的多方位数字化、信息化的实时处理与利用，构建以政府、企业、市民为三大主体的交互、共享平台，为城市治理与运营提供更简捷、高效、灵活的决策支持与行动支撑，从而推进城市达到运作更安全、更高效、更便捷、更绿色的和谐目标。

智慧城市显然成为新一代城市生活模式，正在引领城市建设新方向。智慧城市发展也影响着我们周围的环境及我们的生活方式。主要表现在两个方面：一方面是智慧城市让经济健康可持续发展。智慧城市的经济是一种绿色经济，它建立在可持续发展理念之上，与高消费、超浪费的传统经济相比，重点关注和考虑环境的承载能力和资源利用率的能力。这种城市模式运行起来一是遵循客观自然规律，兼顾和谐稳定发展，二是加强资源回收和利用，提升循环能力，增强经济效率。这就是智慧城市要解决的问题。另一方面是智慧城市让生活更加舒适方便。智慧城市将通过高科技手段，智能的管理方式，影响人们生活各个领域，包括卫生、医疗、交通等，让我们享受到更便捷、和谐的生活。

1. 城市低碳化

低碳化不是简单地将城市变得天蓝地绿、山清水秀，而是重视城市基础设施的绿化和智能化，提高资源的利用效率，促进低碳、减排经济的发展，推进城市生产经营活动的生态化，积极倡导低碳消费，推行减排行动。

要想实现城市低碳化我们要重点关注交通。目前，在交通方面的能源消耗比 30 年前至少翻了一番，交通领域要尽快想方设法改变规划发展模式，以应对我们当下不断变得糟糕的气候和污染的环境，这方面我们可以以新能源汽车发展作为切入点，加快城市低碳化的步伐。

2. 城市发展可持续化

根据八部委联合印发的《关于促进智慧城市健康发展的指导意见》提出，打造宜居、舒适、安全的生活环境是智慧城市建设的终极目标，同时实现城市的可持续发展，中国争取到 2020 年建成"一批特色鲜明的智慧城市"。因此，智慧城市的顶层设计在战略上应以绿色为重，立足于可持续发展为出发点，围绕节能减排和环境优化进行规划和建设，从而有效提升城市的宜居度。城市可持续化应该努力转变当前资源不合理开发利用问题，提高资源的利用率，开发新型能源载体，解决城市污染等严重影响城市化进程的问题。

从资源的角度看，要从城市自身的资源情况来分析，遵循合理的开发利用，提升使用效率，做长远周全的规划，让城市可持续发展，最终构建我们期盼的绿色可持续发展城市；从经济的角度看，通过政府的行政规划，科学合理地规划农业、工业、交通、社会服务等，使城市体系结构和职能相互补充，即在资源最小化利用的情况下，发展城市经济、提升城市建设效率、打造创新型城市发展。

3. 能源绿色化

智慧城市建设与能源密不可分。没有能源，智慧城市将无从谈起，同样，智慧城市的存在，为能源的应用提供了基础。未来，在云计算、大数据、物联网和移动互联网等技术力量持续大力发展成熟的背景下，智慧城市的建设将获得更加有力的支撑，城市化过程中的各种问题将得到彻底有

效的解决，城市因此也会更加智能、更加和谐。"十一五"期间，我国淘汰了8000多万千瓦高耗能、重污染的小火电机组，单位国内生产总值能耗降低21％；"十二五"期间，在此基础上继续降低16％，预计到2020年，非化石能源消费比重将达到15％，森林覆盖率提高到21.66％，森林蓄积量增加6亿立方米。届时中国的绿色发展将跨入新的时代。

"低碳"成为时下最流行的词语之一。不管是个人还是家庭也不管是企业还是政府，都与低碳的问题有关联。我们需要从三个方面，即生产方式、消费方式、生活习惯三方面来系统地改变。这将会是一项整体化、系统化的工程。我国已制订了关于节能减排的全民行动方案，涉及我们生活的各个方面。当然在节能减排、绿色出行等方面政府需要做出表率，在全国各级政府机构公务用车方面制定制度，减少公务车出行次数，倡导公务员绿色出行。与此同时，政府还要鼓励发展新能源汽车，尤其是公共交通。相信经过长期的努力和坚持，低碳、环保理念将深入人心，每个人都会做出自己的努力，一种新型文化将逐渐形成。

 ## 二　城市能源网络化发展

城市供电网是一流城市的核心与关键。一流城市能源网络的基础是城市供电网，主要原因在于：①作为清洁、高效和便利的二次能源，电能已深入到社会生产、生活的各个方面，其他社会供用能系统的正常运行依赖于电力的供应，且很多其他形式能源需要首先转化成电能才可规模化开发利用，如风能、太阳能、生物质能等。②一流电网是人类社会发展的下一代电网，允许各种分布式发电设备即插即用地接入电网，以实现可再生能源的规模化利用具有足够的灵活性和安全性，可自愈地应对来自电网内外的各类扰动；协同各种能源利用环节，可实现电气设备利用率和能源综合利用效能的显著提高。

作为世界一流城市电网新的发展方向和业务延伸，城市范围内的能源

互联网可有效支撑全球能源互联网在城市落地，是公司提升管理效能、提高市场占有率、应对电力体制改革的有效手段。

1. 发展思路

城市能源网络化发展，必须加大可再生清洁能源消纳利用率。有效利用可再生能源是低碳城市建设的重要途径。

智慧能源的载体为可再生能源，发展智慧能源，必须推广普及可再生能源，特别是太阳能和风能。通过发展智慧能源，促进绿色能源的发展，转变城市能源结构，从而达成城市能源结构从化石能源到绿色能源的转变。

城市能源网络化发展，推广电动汽车发展是大势所趋。大力发展电动汽车，已被提升到国家能源战略层面。低碳城市的交通建设以降低碳排放为根本目的，通过推广电动汽车，城市将减少企业和个人使用交通工具的碳排放，从而实现减少整个城市碳排放的目标。在电池技术升级换代比较慢的背景下，可以考虑向完善充电桩和充电站等配套设施方面寻求突破，以此来带动新能源汽车市场的真正崛起。在不增加土地供应面积的情况下，从技术角度进行有效规避，从而解决充电难题。

城市能源网络化发展，需要加大力度降低建筑施工中和建筑日常高速运营中的能源消耗。低碳城市的一个非常关键的组成单元就是绿色建筑。绿色建筑既要为人们提供健康、舒适、高效的工作和生活空间，又要最大限度地节约资源、保护环境和减少污染。在降低碳排放的过程中，推动绿色建筑具有重要的意义。

城市能源网络化发展，需要鼓励城市工商企业的节能减排和废弃能源再利用。在低碳城市发展规划中，要减少各产业的碳排放量，淘汰落后、高污染的工艺和设备；支持先进、高效、高清洁工艺和设备的使用；推动工商企业的电能替代和废弃能源再利用，以达到节约能源，降低碳排放量，实现产业的低碳化。

城市能源网络化发展，需要全力整合独立分散信息平台，形成能源综合服务平台。独立分散平台包括能效监控平台、电力调度平台、油气网平

台、水务平台、智能电网平台、可再生能源平台、氢能和燃料电池平台、公路与铁路交通平台、可持续化学平台等。能源综合服务平台可改进传统能源的流程架构体系，进而构建新型能源利用、开发、消费的整体架构，是各个能源网络架构中更高效率的智能配置、智能交换平台，可推动城市低碳化的加速健康发展。

城市能源网络化发展，需要顶层设计构建能源组织的扁平化制度。能源组织的扁平化通过激励科技创新、优化产业结构、提倡能源节约、促进多方合作，最终推动城市低碳化、可持续发展。

对于城市能源网络化发展，我们需要思考如何打破现有城市低碳化发展的局限性，我们可以从能源制度的创新、能源技术健康发展、新兴能源的开发和利用、能源消耗大幅降低、能源供应稳定保障等方面入手解决。智慧能源变革制定先进制度、打造适合的能源政策，设计合理的能源规则，可以提升社会生产关系，为经济社会高速发展给予有效的保障。

总之，智慧能源在城市的大力发展将是未来城市发展的重点，将是全面提升城市核心竞争力的关键。

2. 发展方向

能源的网络化发展意味着传统能源改进技术和新型能源替代技术成熟应用，也意味着能耗将会降低，污染将会减少甚至消除，能源供应将会更系统、安全、清洁和经济。同时，网络化发展意味着制度的创新和变革，这种变革有利于整合资源，提高其投入产出效率，并减少对环境和生态的负面影响。我们通过转变传统的能源开发和消费观念，以生态环境的可持续性为前提，以经济社会的可持续发展为目标，运用新技术、新设备，大力发展清洁能源，利用清洁能源优化能源消费结构、提高能源的使用效率、建立科学合理的能源生产方式和消费模式，从而减缓能源瓶颈制约和生态环境压力，促进经济社会和谐发展。

（1）完善构建世界一流城市电网，夯实能源互联网物质基础。加强主配网建设，配电自动化实现全覆盖；加强中低压站间联络通道建设，提高

站间负荷转移能力，10 千伏线路实现 100％联络；推行功能模块化、接口标准化，提高配电网设备通用性、交互性，采用先进物联网、现代传感和信息通信等技术，实现设备、通道运行状态及外部环境的在线监测。

（2）提升电网的智能化水平，提供能源互联网的灵活支撑。持续提升配电自动化实用化，推进用电信息采集全覆盖，积极探索电力光纤、4G 通信支撑全业务应用和增值服务，探索各类业务应用数字化；构建智能主动配电网，支持分布式电源、电动汽车等新型能源主体的即插即用，实现电、气、热、冷多种能源方式的互相转化、综合利用；全面实现配电网主动抢修、低压供电可靠性统计等服务；进一步提供用能咨询、需求侧响应等互动服务。

（3）区域层面上需要开展综合能源供应网络的规划工作。由于各种区域能源供应系统（电力、天然气、热力等）彼此缺乏协调，长期存在设备利用率低、安全性低、灵活性差等问题。未来应逐步建立起适合综合能源供应系统运营的相关机制，并根据不同区域的实际情况，对各类能源的供应网络进行统一协调和规划，在实现多种能源输入的同时满足用户电、热、冷等多种能量形式的需求，同时通过能源的按需匹配、逐级利用来实现能源利用效率的优化，减少能源网络建设和运行消耗。

第二节　世界一流城市电网新发展

 一　能源互联网建设

作为世界一流城市电网新的发展方向和业务延伸，城市范围内的能源互联网是全球能源互联网在城市地区的承接节点和重要支撑，是实现更大范围的城市能源资源配置，实现城市能源清洁化、电气化、智能化和互联

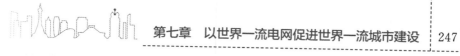

网化转型升级的路径。

1. 发展方向

能源互联网是以国家发展改革委等部委《关于推进"互联网＋"智慧能源发展的指导意见》（发改能源〔2016〕392号）为指导，将建成互联网与能源生产、传输、存储、消费及能源市场深度融合的能源产业发展新形态。这是一种复合型、创新型的产业形态。

在能源领域，通过大数据、云计算等互联网技术平台实现对创能、储能、送能、用能系统的监测控制、操作运营、能效管理的综合服务，其表现形式为一个综合的能源管理与服务系统平台、一批与能源相关的能源技术和能源制度体系支撑、一套能源及信息化基础设施和硬件设备合理应用相关的运营管理方式和商业模式。

能源互联网建设的主要目标：一是提高对可再生能源的消纳率；二是促进化石能源清洁高效利用，提升能源综合利用率；三是促进能源和信息深度融合，推动能源领域结构性改革（供给侧和需求侧）；四是逐步培育发展智慧能源产业链条，形成经济增长新动能。

能源互联网建成投产后要实现设备智能、多能协同、信息对称、供需分散、系统扁平、交易开放。站在园区用户的角度看，"互联网＋智慧能源"的主要特征为：①以满足用户能源消费需求为导向。通过大数据、云计算等新一代互联网技术手段，提升需求侧能源消费管理和能源输出管理效率，增强需求侧用户用能功能与体验。②实现多能融合互补协同。主要是能够实现传统化石能源和可再生能源等不同能源形式的高效协同，促进清洁能源利用。③具有能源泛在网络模式。主要是常规能源、新能源等各类能源存在形式多样化，微电网、分布式能源都将成为一个能源互联网的节点，既是能源提供者又是能源消费者，各种设施和设备的普遍智能化和互联化，计算能力和人工智能的泛在化，使能源生产者和消费者边界消弭，都可以参与到能源产业链中来。

能源互联网未来发展重点在十个方面，具体见表7-1。

表 7-1 　　　　　　　　　能源互联网未来发展重点

序号	重点方向	发展内容
1	智能化能源生产消费基础设施建设	推动可再生能源生产智能化、推进化石能源生产清洁高效智能化、推动集中式与分布式储能协同发展、加快推进能源消费智能化
2	多能协同综合能源网络建设	推进综合能源网络基础设施建设、促进能源接入转化与协同调控设施建设
3	能源与信息通信基础设施深度融合	促进智能终端及接入设施的普及应用、加强支撑能源互联网的信息通信设施建设、推进信息系统与物理系统的高效集成与智能化调控、加强信息通信安全保障能力建设
4	构建营造开放共享的能源互联网生态体系	构建能源互联网的开放共享体系、建设能源互联网的市场交易体系、促进能源互联网的商业模式创新、建立能源互联网国际合作机制
5	发展储能和电动汽车应用新模式	发展储能网络化管理运营模式、发展车网协同的智能充放电模式、发展"新能源＋电动汽车"运行新模式
6	发展智慧用能新模式	培育用户侧智慧用能新模式、构建用户自主的能源服务新模式、拓展智慧用能增值服务新模式
7	培育绿色能源灵活交易市场模式	建设基于互联网的绿色能源灵活交易平台、构建可再生能源实时补贴机制、发展绿色能源的证书交易体系
8	发展能源大数据服务应用	实现能源大数据的集成和安全共享、创新能源大数据的业务服务体系、建立基于能源大数据的行业管理与监管体系
9	能源互联网的关键技术攻关	加快能源互联网的核心设备研发、支持信息物理系统关键技术研发、支持系统运营交易关键技术研发
10	建设世界领先的能源互联网标准体系	制定能源互联网通用技术标准和建设能源互联网质量认证体系

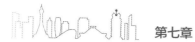

能源互联网未来发展分为三个阶段。

2016—2020 年将是能源互联网发展的初级阶段，通过开展能源互联网不同类型、不同规模的试点示范项目，积累试点经验，着重攻克一批重大关键技术与核心装备，初步建立能源互联网市场机制和市场体系，初步形成一套能源互联网技术规范和标准，催生一批能源金融、第三方综合能源服务等智慧能源产业新业态和市场主体。

2020—2025 年将是能源互联网发展的中级阶段，能源互联网实现多元化、规模化发展，能源互联网产业体系初步形成，成为经济增长重要驱动力；能源互联网市场机制和市场体系较为完善。

2025—2030 年将是能源互联网发展的高级阶段，形成较为完备的技术及标准体系，能源互联网国际化水平不断提升；逐步建成开放共享的能源互联网生态圈，能源综合效率明显改善，可再生能源比重显著提高，化石能源清洁高效利用取得积极进展，新的能源生产、配送、消费价值链逐步完善。

2. 天津能源互联网行动计划

国网天津市电力公司上下统一认识、凝心聚力、攻坚克难，高标准规划建设蓝图，高质量推进世界一流电网建设实施，高水平完成建设目标，在安全可靠、服务优质、经济高效、绿色低碳、智能互动五个方面均取得了显著的提升，部分城市核心地区达到世界一流水平。

在此基础上，国网天津市电力公司立足于能源互联网，全面构建了承接全球能源互联网的电网建设、运行、管理体系。第一，能源互联网为宣传和展示全球能源互联网发展理念提供现实载体。第二，能源互联网为实施"两个替代"提供了平台支撑。第三，作为全球能源结构的神经末端，能源互联网体系构建为全球能源互联网发展提供了实地验证。

国网天津电力按照企业、园区和城区三级，从下到上推进能源互联网落地实践。

在企业级，推广国网客服北方园区综合能源供应模式，打造更多综合

能源管理示范。在国网客服北呼中心建设以电能为中心的"网—源—储—荷"互动型能源互联网络，由光伏发电、储能微网、太阳能空调、太阳能热水、冰蓄冷空调、地源热泵、蓄热式电锅炉 7 个能源子系统及一个运行调控平台构成，为园区提供冷、热、电一体化供应。与传统用能方式相比，园区能源供应实现零排放，平均可再生能源占比 33%，节约运行费用 20% 以上。

在园区级，深化北辰产城融合示范区等 10 项综合示范工程建设。在北辰产城融合示范区 68 平方公里区域内建设集产、储、配、用于一体，以电为中心，多能互联互补、协同高效的能源互联网，为示范区提供综合能源服务，输出高品质能源。建设内容包括坚强智能电网、多用户微能源系统、综合能源管理平台、综合能源业务等。通过智能管控技术实现多能优化高效利用，2017 年 4 月，能源利用效率提高了 20% 左右。

在城区级，扩展城西综合能源平台功能和服务范围，支持更多客户接入平台。在西青开发区电子产业基地开展综合能源服务，建成具有高可靠性和开放性的统一综合能源服务平台。西青开发区电子产业基地为国家级开发区，建成区面积 16.88 平方公里。建设内容包括坚强智能电网、4G 高性能通信网、多能互补供能系统、综合能源服务平台。综合能源服务平台进入实用化，已接入用户 50 余户，与 53 家设计、施工、制造、运维等企业建立联盟关系，为公司扩大经营范围，实现多方共赢，开拓新途径。

 探索新一代电力系统

习近平总书记在党的十九大报告中明确提出，我们要建设的现代化是人与自然和谐共生的现代化，既要创造更多物质财富和精神财富以满足人民日益增长的美好生活需要，也要提供更多优质生态产品以满足人民日益增长的优美生态环境需要。在现代化建设的进程中，人民对能源的要求已

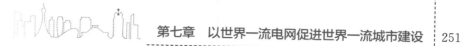

经从"有没有"提升到"稳不稳""好不好"。为满足人民美好生活的用能需求，党的十九大报告明确要求，加强电网建设，提高供给体系质量。电网是人民用能的核心媒介，是能源传输的枢纽和重要载体。电网发展必须紧扣习近平总书记关于能源"四个革命、一个合作"战略思想，坚持以人民为中心，贯彻绿色发展理念，契合可持续发展战略，实现安全、清洁、协调、智能发展，打造清洁低碳、安全高效的能源体系，以清洁电力助推社会主义现代化建设，用绿色方式满足人民美好生活的用能需求。

服务美丽中国建设，电网发展面临新的更高要求。我国电网发展在近年来取得了举世瞩目的成绩：特高压电网加快建设，配电网供电质量显著提升，负荷侧服务设施不断完善，柔性输电、智能变电站等先进技术广泛应用。在实现跨越式发展的基础上，为深化供给侧结构性改革，推动能源生产和消费革命，电网发展面临三方面新的更高要求：一是为保证供电的安全、可靠、高效，对电网发展的平衡性、充分性提出了更高要求；二是为实现能源资源的大范围配置，响应国家"一带一路"倡议，对电网互联互通及国际产能合作提出了更高要求；三是为推动能源清洁化转型，对电网运行的灵活性、互动能力及智能化水平提出了更高要求。在美丽中国的建设进程中，迫切需要打造清洁低碳、安全高效的新一代电力系统，以满足未来人们美好生活的用能需求。

鉴于此，国家电网公司董事长舒印彪提出：未来的电力系统将是广泛互联、智能互动、灵活柔性、安全可控的新一代电力系统。

新一代电力系统是能源互联网的物理载体，是以电能为主体形式，在规划、建设和运行等过程中，对各种能源的产生、传输与分配（供能网络）、转换、存储、消费、交易等环节实施有机协调与优化，进而形成的能源产供销一体化系统。新一代电力系统是能源互联网的进一步深化与实践。

1. 发展方向

（1）提升世界一流电网互联能力，积极加强电网广泛互联和国际产能合作。我国能源资源，尤其是清洁能源资源，与生产力呈逆向分布，为满

足全国范围内大规模能源资源的配置需求，彻底解决弃风、弃光、弃水问题，需提高电网互联互通水平，基于世界一流电网广泛互动的特征，连接全国大型能源基地和主要用电负荷中心，实现能源的大规模、远距离、高效传输。放眼国际，世界正处于大发展、大变革、大调整时期，电网事业的发展必须坚持推动构建人类命运共同体，以"一带一路"建设为重点，实现与沿线各国的互联互通，加快建设全球能源互联网，加强国际产能合作，同时全面推动装备、技术、标准"走出去"，积极引领特高压、柔性直流等新兴领域的技术创新与国际标准主导权，参与国际能源治理，大幅提升我国在国际能源合作中的影响力和话语权。

（2）提升世界一流电网交互性，全面促进电网智能互动转变。新一代电力系统需积极推动电网与"大云物移"等前沿信息技术深度融合，不断提高电网信息化水平，实现电网与多参与主体的多维度智能互动，保证发电侧与售电侧市场主体广泛参与、充分竞争，满足多元用户的多样化用电需求。

（3）提升世界一流电网适应性，全面促进电网灵活柔性转变。伴随国家能源革命的推进，能源消费新模式新业态新产品日趋丰富，未来电网既要满足新型设备的接入需求，也要为海量用户主体提供丰富、优质、便捷的服务。新一代电力系统需积极采用先进储能设备、柔性交直流先进技术等，提高新能源高渗透率电网的运行灵活性和适应性，满足送端高比例新能源接入弱交流系统、受端分布式电源接入电网的需求。

（4）加强世界一流电网韧性，逐步提升电网安全可控能力。为满足现代化建设的用能需求，提高世界一流电网韧性，新一代电力系统发展需着力解决电网发展不平衡、不充分问题，保证电网安全可控、高效运行，兼顾安全与经济两方面因素，统筹各层级、各地区电网发展规划，优化网架布局和结构，实现交直流协调发展，建设受端特高压交流同步电网，提升系统抵御严重故障能力，保障电网本质安全；实现各级电网均衡有序发展，加强现代配电网建设，同时保障上下级电网有序衔接，提高电网运行效率

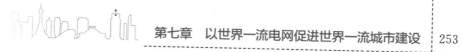

效益；实现各地区电网的合理发展，因地制宜，确定合理策略，提高投资精准性，保证建设投资充分发挥作用。

2. 国网天津电力公司发展计划

天津公司拟结合各供电公司实际情况落实新理念、新技术、新模式，全力打造新一代电力系统。以成为"综合能源利用引领者"为根本目标，围绕"三个引领"的核心理念开展建设实施工作。

技术引领：建设贯穿"源—网—荷—储"各环节的清洁、高效、经济、可靠、安全五位一体综合能源系统。

价值引领：充分运用大云物移等先进技术，实现"能源生产者、消费者、运营者和监管者"的效用最大化。

模式引领：建立多参与主体的共享、共赢的运营机制，对新型商业与运营模式进行探索与实践。

具体实践方面，在电网安全与控制技术、特高压输变电技术、智能配用电技术、源网荷储协调技术相关领域继续开展研究，积极探索新一代电力系统建设、运行、管理与发展的重大技术问题实践路径。各供电单位以支撑天津智慧城市建设为依托，结合本单位区位特色和自身优势，总结提炼本单位承接新一代电力系统落地实践的主要方向，以技术创新、管理创新和群众创新等多种方式广泛开展试点示范建设，相关支撑单位提供技术、商业、信息技术等支持。公司将进一步做好顶层设计、收集各单位的需求，突出区域特色，指导确定 2018 年新一代电力系统试点示范工作的具体目标和重点任务，发挥好试点示范项目的引领、突破和带动作用，全面推动新一代电力系统落地实践。

第三节　世界一流电网支撑世界一流城市发展

当前，以能源多元化、清洁化为方向，以优化资源结构、推进能源战

略转型为目标，以清洁能源和智能电网为特征的新一轮能源变革正在全球范围深入推进，世界一流电网在其中发挥着核心和引领作用。2020—2030年是电网发展方式实现全面转变的关键阶段，展望未来电网技术，将有利于把握未来电网趋势，引领和支撑世界一流电网更好更快发展。

一 推动城市能源互联，促进能源网络转型

1. 能源的综合利用更智能、更高效

预计 2020 年之后，在能源需求快速增长和碳减排压力不断增大的双重推动下，北方地区电源结构进一步改善，形成包括煤电、气电、可再生能源发电、抽水蓄能等在内的合理的多样化能源利用格局，新能源发电装机容量占电力总装机容量的比例将大幅提升。分布式风电、光伏发电也将得到进一步商业化应用。更为友好的网源协调技术和更为先进的电力电子、新材料、储能等技术，将为提高多种能源利用能力和利用效率，实现更智能、更高效的能源综合利用提供有效支撑。

2. 电网安全防御水平得到提高

预计 2020 年之后，城市电网将全面建成安全防御、经济优化、高效管理三位一体的市地两级智能电网调度体系，形成多周期、多防线、多层级的电网安全综合防御体系。电力供应的持续性和可靠性对社会安定和国防安全有着不可替代的地位。随着全球气候的持续变暖，极端气候事件频繁暴发，自然灾害对电网造成的损失极有可能越来越严重。在技术驱动和自然灾害的影响下，未来电网必须从深层次提高防御水平。研究大电网连锁故障自愈控制技术，突破广域灾害监测瓶颈，最终建立自适应广域控制保护一体化系统，推动电网安全防护从当前的被动防御走向主动、智慧防御，提高电网运行控制水平，确保电网安全可靠高效运行。

3. 能源互联网建设更加完善

城市电网将加强特高压等外部输电通道建设，统筹优化各级电网，促

进大规模外来电力和风电、光伏等清洁能源落得下、用得好。同时，加强电网智能化建设，充分体现电网开放、共享、互动的互联网特性，实现电、气、热、交通等城市多种能源资源的互联互通、共享优化。另外，构建覆盖全市的能源交易平台，全面采集电源、电网、客户等各个环节的能源信息，以实现能源流、信息流、价值流的合并统一，实现火电、风电、光伏等企业及工业、商业、居民客户等各类能源主体的开放共享和规范交易。

 延伸智能电网建设，构建智慧高效电网

1. 智能配用电技术更加灵活高效

预计 2020 年之后，城市智能小区将具相当规模，智能家电走进千家万户。智能配电网的快速发展不仅需要更高的安全可靠性、更高的运行效率和资产利用率，还需要即插即用及分布式电源高渗透率下的经济运行与优化控制。电网与用户要求互动性更高，互动方式更加多样化。配电自动化全面建成，配电网自愈技术全面应用。更灵活互动、更高自愈能力的智能配用电技术的应用，将有力支撑大量分布式电源分散接入及电网互动服务模式，增强系统的集成度，提高配电网的智能化水平。

2. 通信信息网络更加智能

预计 2020 年之后，通信网络得到进一步强化和优化，网络管理、控制及业务管理、资源管理的信息化、自动化、智能化水平得到提升，为坚强智能电网高效、安全运行和管理提供全方位保障。面向电网的泛在通信网络可将电网中的各种感知终端互联，并具备智能分析和处理能力。相对于现有的电力通信网络，泛在网将在感知层实现更透彻的感知；在网络层实现更可靠、更广泛的网络传送；在应用层实现更智能的分析和处理。网络可生存性技术、网络终端感知技术、超大容量全光传送技术的发展将奠定泛在网络的发展基础。异构网络融合技术和环境感知等泛在网关键技术的发展将为电网提供无处不在的智能化通信服务。

三　支撑智慧城市建设，实现可持续发展

1. 世界一流电网建设对智慧城市的贡献

世界一流电网对智慧城市的贡献主要是世界一流电网能加速经济发展模式的转型，实现产业的节能健康发展，创造新型的产业，并加速经济结构的转变，为城市提供更坚实可靠的能源基础。世界一流电网的建设也将加强高新电子类产品和新型电气化设备在其产业的使用，促进互联网智能电能替代的发展，并在具体的企业生产中，通过以电代煤、以电代油等技术的转换与应用，逐渐提高电能在终端能源消费中所占的比重，促进智慧城市的深入建设发展。世界一流电网的建设和发展提升了城市信息化的发展水平，并推动"三网联合"的发展，积极打造多个城市公共网络平台。不仅如此，世界一流电网的建设还能够实现对社会环境和生产环境的改善，提升能源资源的利用率，并能在很大程度上减少能源的消耗，减轻碳的排放。

2. 世界一流电网支撑智慧城市发展

世界一流电网对智慧城市的支撑主要体现在促进城市绿色发展、实现城市用电安全可靠、构建城市的神经系统、并带动相关企业发展，以及丰富城市服务内涵等方面。世界一流电网在经济、能源及民生等方面显示出了自己的价值，能够在生活和生产等多个领域来支撑智慧城市智能化建设。

（1）世界一流电网对智慧城市绿色发展环境的支撑。世界一流电网对智慧城市绿色发展环境的支撑作用重点体现在清洁能源利用方面，是世界一流电网发展的重点。将清洁能源以各种形式接入到电网中，并选择适当的并网建设运营方式，为智慧城市建设发展提供源源不断的绿色动力，增强清洁能源占比。加强对微电网接入的运行控制，微电网系统适合建设在具有分布式电源、电能质量可靠、安全性较高的区域。电动汽车的快速发展，能够在很大程度上降低城市交通发展对化石能源的依赖和消耗，实现

对 CO_2 排放的控制。电动汽车充电设施建设也是世界一流电网发展中重要的内容，结合区域推广的车型，因地制宜地进行充电站建设。实现清洁能源和充电设施的连接，实现清洁能源和电动汽车的互动，建设一个能够集能源供给、消耗、综合利用为一体的多用性示范工程，提升智慧城市建设的社会示范效果，推动智慧城市的普及发展，形成具有地域特色的绿色智慧城市建设。

（2）世界一流电网对智慧城市用电安全可靠环节的支撑。世界一流电网构建过程中需要加强储能系统、柔性输电、智能变电站、输变电设备监测、配电自动化、网络调控的一体化等方面的建设，以支撑智慧城市安全可靠用电。储能系统能够对风能、太阳能等能源的发电系统功率波动情况进行治理控制，进而平抑和减少间歇式能源对电网稳定性的影响，实现清洁能源的安全应用。需要在富集风能和太阳能的区域建设储能系统，并加强对该系统的技术支持和网络管理。随着社会经济发展，城市对电能的使用量加大，电力负荷不断增长，紧密的城市电网架构，导致电压支持不足、短路电流巨大的情况发生。需要采用柔性的方式进行输电，从电网的输电能力、供电安全保障水平等方面提升电网的运行能力。智能变电站是提升智能电网性能的关键设施，是电网采集信息和命令的主要执行部分，具有结构紧凑、使用寿命长、布局合适、节能环保的特点。需要在特定的区域进行智能变电站建设。需要根据不同的区域和用户需要，考虑经济适用原则，选择简易型、实用型和标准型的模式实现配电的自动化发展，突出其使用功能，实现对配电网络运行的实时监控和远程操控，并在此基础上加强对电网作业的管理和应用分析。

（3）世界一流电网对智慧城市构建神经系统环节的支撑。世界一流电网需要在加强对用电信息的采集、电力光纤到户、智能配用电一体化等方面支撑智慧城市的神经系统。通过信息采集实现对用户负荷、电量及电压等基础信息数据的准确获取，为企业的用电经营管理环节提供分析和决策支持。电力光纤到户是实现三网融合的基础性设施，是电力通信网络的重

要组成部分，在选定的区域内，对新建的小区进行电力光纤到户建设，从而实现电力通信网络的全面覆盖。智能平台的建设不仅能够支持电网自动化的传输，还能促进用电系统的信息采集发展，在选定的区域配用通信平台的建设，实现各种用电网络信息的交互。

（4）世界一流电网对智慧城市相关产业发展的支撑。智能家居能够实现智能电网和电力用户之间的及时交流和联系，提升电网的综合服务能力，满足不同用户的使用需求，实现对电能的科学合理利用。利用世界一流电网加强智能家居建设，能够为人们提供更多的信息交流功能，提升人们对家居生活的满意度，为人们带来高效、节能、环保、舒适的生活方式。世界一流电网将能够带来多样化的增值服务，新型的商业模式，促进了智慧城市的发展。

本章小结

（1）本章基于对于城市发展新特点的梳理分析，展望了世界一流城市的建设方向：通过转变传统的能源开发和消费观念，以生态环境的可持续性为前提，以经济社会的可持续发展为目标，运用先进的新技术、新设备，大力发展清洁能源，利用清洁能源，优化能源消费结构，提高能源的使用效率，建立科学合理的能源生产方式和消费模式，从而减缓能源瓶颈制约和生态环境压力，促进经济社会的和谐发展。

（2）在此基础上，分析了世界一流城市电网的发展方向——建设城市范围内的能源互联网，探索新一代电力系统：新一代电力系统是能源互联网的物理载体，是以电能为主体形式，在规划、建设和运行等过程中，对各种能源的产生、传输与分配（供能网络）、转换、存储、消费、交易等环节实施有机协调与优化，进而形成的能源产、供、消一体化系统。新一代电力系统是城市范围内的能源互联网的进一步深化与实践。

　　（3）最后，在延伸智能电网建设，促进能源网络转型和支撑智慧城市建设，实现可持续发展两个方面对世界一流电网的发展前景进行了展望。提出了 2020—2030 年是电网发展方式实现全面转变的关键阶段，展望未来智能电网技术，将有利于把握未来智能电网趋势，引领和支撑我国智能电网更好更快发展。

参考文献

[1] 刘振亚. 全球能源互联网 [M]. 北京：中国电力出版社，2015.

[2] 刘振亚. 中国电力与能源 [M]. 北京：中国电力出版社，2012.

[3] 刘振亚. 智能电网技术 [M]. 北京：中国电力出版社，2016.

[4] 程浩忠. 城市电网规划与改造第 3 版 [M]. 北京：中国电力出版社，2015.

[5] 李功新，杨成月. 智能电网架构下的供电服务支撑系统 [M]. 北京：中国电力出版社. 2013.

[6] 钟清. 智能电网关键技术研究 [M]. 北京：中国电力出版社，2011.

[7] 鞠阳，李干林. 电网监控技术：主站端 [M]. 北京：中国电力出版社，2013.

[8] 盛万兴，孟晓丽，宋晓辉. 智能配电网自愈控制基础 [M]. 北京：中国电力出版社，2012.

[9] 杰里米·李夫金. 第三次工业革命：新经济模式如何改变世界 [M]. 北京：中信出版股份有限公司，2012.

[10] 周洪宇. 第三次工业革命与当代中国 [M]. 武汉：湖北教育出版社，2013.

[11] 斯科特 L. 蒙哥马利. 全球能源大趋势 [M]. 北京：机械工业出版社，2012.

[12] 刘振亚. 特高压交直流电网 [M]. 北京：中国电力出版社，2013.

[13] 中华人民共和国国家统计局. 中国统计年鉴 2016 [M]. 北京：中国统计出版社，2016.

[14] Hermann Scheer. 能源变革：最终的挑战 [M]. 北京：人民邮电出版社，2013.

[15] Sathyajith Mathew. 风能原理、风资源分析及风电场经济性 [M]. 北京：机械工业出版社，2011.

[16] 黄湘. 太阳能热发电技术 [M]. 北京：中国电力出版社，2013.

[17] 徐政. 柔性直流输电技术 [M]. 北京：机械工业出版社，2013.

[18] 艾芊，郑志宇. 分布式发电与智能电网 [M]. 上海：上海交通大学出版社，2013.

[19] Frank S. Barnes，Jonah G. Levine. 大规模储能技术 [M]. 北京：机械工业出版社，2013.

[20] 王继业. 智能电网大数据 [M]. 北京：中国电力出版社，2017.

[21] 吴文传，张伯名. 主动配电网网络分析与运行控制 [M]. 北京：科学出版社，2016.

[22] 能源革命中电网技术发展预测和对策研究项目组，中国中长期能源电力供需及传输的预测和对策项目组. 能源革命中电网及技术发展预测和对策 [M]. 北京：科学出版

社，2015.

[23] 杨正洪. 智慧城市：大数据、物联网和云计算之应用 [M]. 北京：清华大学出版社，2014.

[24] Krzysztof Iniewski. Smart Grid Infrastructure & NetWorking [M]. New York：McGraw-Hill Education. 2012.

[25] 国网天津市电力公司，国网天津节能服务有限公司. 电能替代技术发展及应用——走清洁、环保、可持续发展之路 [M]. 北京：中国电力出版社，2015.

[26] 国家电网公司营销部. 电能替代技术速查手册 [M]. 北京：中国电力出版社，2015.

[27] 贾宏杰等. 区域综合能源系统若干问题研究 [J]. 电力系统自动化，2015，39（7）.

[28] 国网天津市电力公司. 城市能源互联网发展与实践 [M]. 北京：中国电力出版社，2017.

[29] 梁新恒. 基于可靠性的城市电网工程投资决策研究 [D]. 北京：华北电力大学，2011.

[30] 杨帆，段梦诺，张章，等. 分布式电源接入对电网的影响综述 [J]. 输配电工程与技术，2017，5（1）：13-18.

[31] 华隽. "四表合一"采集实现原理及未来发展形势研究 [J]. 电力与能源，2016，37（4）：445-447.

[32] 姜炜超，成海生，陈诚. 浅谈四表合一建设 [J]. 福建电脑，2016，9：116-117.

[33]《中国电力百科全书》编辑委员会. 中国电力百科全书（第三版）：电力系统卷 [M]. 北京：中国电力出版社，2014.

[34] 国家能源局. DL/T 5729—2016 配电网规划设计技术导则 [S]. 北京：国家能源局，2016.

[35] 国网天津市电力公司. 世界一流城市供电网发展行动计划 [R]. 天津：国网天津市电力公司，2014.

[36] 配电网新设备与新技术编写组. 配电网新设备与新技术 [M]. 北京：中国水利水电出版社，2006.

[37] 王成山，罗凤章，张天宇. 城市电网智能化关键技术 [J]. 高电压技术，2016，42（7）：2017-2027.

[38] 李蕴，李雪男，舒彬，纪斌，张天宇，罗凤章. 配电一次网架与信息系统协同规划 [J]. 电力建设，2015，36（11）：30-37.

[39] 徐科，刘明志，张军，刘聪，殷强，罗凤章. 世界一流市电网评价指标体系 [J]. 电力建设，2015，36（11）：51-57.

[40] 欧阳帆，黄薇，李亦农. 新加坡电网规划经验及启示 [J]. 供用电，2015，（3）：

20-25.

[41] 程浩忠、姜祥生，等．20kV 配电网规划与改造［M］．北京：中国电力出版社，2010．

[42] 韩小伟．基于智慧能源建设的智慧城市发展的研究［D］．北京：华北电力大学，2016．

[43] 余南华，陈云瑞．通信技术［M］．中国电力出版社，2013．

[44] 唐良瑞，吴润泽，孙毅，等．智能电网通信技术［M］．中国电力出版社，2015．